岩石与矿物
闪闪发光的宝藏

水的旅行
奇妙的地球环游记

神奇的鸟类
翱翔的空中猎人

有趣的力学
看不见的魔法师

飞越太阳系
人类的太空探索

地球的故事
46亿年的奇迹

西方艺术

印度文明
多彩而神秘

南极和北极
前往世界尽头

鲸豚王国
从四足小兽到海洋巨兽

奇趣物理
小到微粒，大至宇宙

化学世界
危险又迷人

太空之旅
从遥望星空到穿越虫洞

探索月球
进驻太空的第一站

U0338645

中国少儿百科知识全书 精装典藏本
ENCYCLOPEDIA FOR CHILDREN
精彩内容持续更新，敬请期待

ENCYCLOPEDIA FOR CHILDREN

中 国 少 儿 百 科 知 识 全 书

奇 趣 物 理

小到微粒，大至宇宙

王 传／著

少年儿童出版社

斗转星移，旭日霞光；寒来暑往，季节更替。日常生活中的一切，几乎都离不开声、光、热、力、电，它们是构成物理学的基本内容。

小至穷其细末的微粒，大至广袤无垠的宇宙，都吸引着科学家不断探索。从亚里士多德到牛顿，历时2000多年，经典力学才日臻完善，而从牛顿力学到爱因斯坦相对论，仅用了短短的200多年。在科学昌明的今天，下一次科学大爆发似乎也不是那么遥不可及。

中国少儿百科知识全书
ENCYCLOPEDIA FOR CHILDREN

编辑委员会

主　编
刘嘉麒

执行主编
卞毓麟　王渝生　尹传红　杨虚杰

编辑委员会成员（按姓氏笔画排序）
王元卓　叶剑　史军　张蕾　赵序茅
顾凡及

出版工作委员会

主　任
夏顺华　陆小新

副主任
刘霜

科学顾问委员会（按姓氏笔画排序）
田霏宇　冉浩　冯磊　江泓　张德二
郑永春　郝玉江　胡杨　俞洪波　栗冬梅
高登义　梅岩艾　曹雨　章悦　梁培基

研发总监
陈洁

数字艺术总监
刘丽

特约编审
沈岩

文稿编辑
张艳艳　陈琳　王乃竹　王惠敏　左馨
董文丽　闫佳桐　陈裕华　蒋丹青

美术编辑
刘芳苇　周艺霖　胡方方　魏孜子　魏嘉奇
徐佳慧　熊灵杰　雷俊文　邓雨薇　黄尹佳
陈艳萍

责任校对
蒋玲　何博侨　黄亚承　陶立新

总　序

科技是第一生产力，人才是第一资源，创新是第一动力，这三个"第一"至关重要，但第一中的第一是人才。千秋基业，人才为先，没有人才，科技和创新皆无从谈起。不过，人才的培养并非一日之功，需要大环境，下大功夫。国民素质是人才培养的土壤，是国家的软实力，提高全民科学素质既是当务之急，也是长远大计。

国家全力实施《全民科学素质行动规划纲要（2021—2035 年）》，乃是提高全民科学素质的重要举措。目的是激励青少年树立投身建设世界科技强国的远大志向，为加快建设科技强国夯实人才基础。

科学既庄严神圣、高深莫测，又丰富多彩、其乐无穷。科学是认识世界、改造世界的钥匙，是创新的源动力，是社会文明程度的集中体现；学科学、懂科学、用科学、爱科学，是人生的高尚追求；科学精神、科学家精神，是人类世界的精神支柱，是科学进步的不竭动力。

孩子是祖国的希望，是民族的未来。人人都经历过孩童时期，每位有成就的人几乎都在童年时初露锋芒，童年是人生的起点，起点影响着终点。

培养人才要从孩子抓起。孩子们既需要健康的体魄，又需要聪明的头脑；既需要物质滋润，也需要精神营养。书籍是智慧的宝库、知识的海洋，是人类最宝贵的精神财富。给孩子最好的礼物，不是糖果，不是玩具，应是他们喜欢的书籍、画卷和模型。读万卷书，行万里路，能扩大孩子的眼界，激发他们的好奇心和想象力。兴趣是智慧的催生剂，实践是增长才干的必由之路。人非生而知之，而是学而知之，在学中玩，在玩中学，把自由、快乐、感知、思考、模仿、创造融为一体。养成良好的读书习惯、学习习惯，有理想，有抱负，对一个人的成长至关重要。

为孩子着想是成人的责任，是社会的责任。海豚传媒

与少年儿童出版社是国内实力强、水平高的儿童图书创作与出版单位，有着出色的成就和丰富的积累，是中国童书行业的领军企业。他们始终心怀少年儿童，以关心少年儿童健康成长、培养祖国未来的栋梁为己任。如今，他们又强强联合，邀请十余位权威专家组成编委会，百余位国内顶级科学家组成作者团队，数十位高校教授担任科学顾问，携手拟定篇目、遴选素材，打造出一套"中国少儿百科知识全书"。这套书从儿童视角出发，立足中国，放眼世界，紧跟时代，力求成为一套深受 7 ~ 14 岁中国乃至全球少年儿童喜爱的原创少儿百科知识大系，为少年儿童提供高质量、全方位的知识启蒙读物，搭建科学的金字塔，帮助孩子形成科学的世界观，实现科学精神的传承与赓续，为中华民族的伟大复兴培养新时代的栋梁之材。

"中国少儿百科知识全书"涵盖了空间科学、生命科学、人文科学、材料科学、工程技术、信息科学六大领域，按主题分为120册，可谓知识大全！从浩瀚宇宙到微观粒子，从开天辟地到现代社会，人从何处来？又往哪里去？聪明的猴子、忠诚的狗、美丽的花草、辽阔的山川原野，生态、环境、资源，水、土、气、能、物，声、光、热、力、电……这套书包罗万象，面面俱到，淋漓尽致地展现着多彩的科学世界、灿烂的科技文明、科学家的不凡魅力。它论之有物，看之有趣，听之有理，思之有获，是迄今为止出版的一套系统、全面的原创儿童科普图书。读这套书，你会览尽科学之真、人文之善、艺术之美；读这套书，你会体悟万物皆有道，自然最和谐！

我相信，这次"中国少儿百科知识全书"的创作与出版，必将重新定义少儿百科，定会对原创少儿图书的传播产生深远影响。祝愿"中国少儿百科知识全书"名满华夏大地，滋养一代又一代的中国少年儿童！

中国科学院院士
火山地质与第四纪地质学家　

目　录

初识物理世界

物理学探索世间万物的道理，是一门研究物质的结构和运动规律的科学。它无时无刻不在我们身边。

从小微粒到大宇宙

小到基本粒子，大至浩瀚宇宙，都是物理学研究的对象。为了解开有关它们的谜团，人类一直在探索着。

认识世界

我们的视觉、听觉、触觉也与物理息息相关。随着对物理的认识不断加深，我们看待世界的方式也在改变。

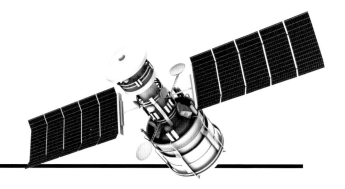

物理和艺术

物理是一门自然科学。然而，你知道吗？音乐、绘画、摄影等艺术中也蕴含着许多有趣的物理知识。

物理和科技

运用物理原理，人们不断发明许多实用的工具，开发高效且清洁的新型能源，让我们的生活更美好。

附　录

揭秘更多精彩！

奇趣AI动画

走进"中百小课堂"
开启线上学习
让知识动起来！

扫一扫，获取精彩内容

物理学大事记

　　什么是物理学？物理学是一门探索世间万物、研究物质的科学。历经 2000 多年，经典物理学在 19 世纪趋于完善。之后，随着 20 世纪的到来，量子力学和相对论相继出现，颠覆了人们原本对世界的认识。

前5世纪

中国先秦时期的手工艺专著《考工记》中记述了滚动摩擦、斜面运动、惯性、浮力等物理现象。

1752年

美国政治家、科学家本杰明·富兰克林在雷雨天放风筝，尝试将雷电引到地面。这无疑是一次危险的尝试，但他成功了。

1687年

英国著名物理学家艾萨克·牛顿提出了力学三大定律和万有引力定律，被誉为"经典力学之父"。

1842年

奥地利物理学家克里斯蒂安·安德烈亚斯·多普勒发现多普勒效应。

1831年

英国物理学家迈克尔·法拉第发现电磁感应现象，从此大规模发电成为可能。

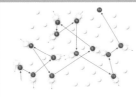

1827年

英国植物学家罗伯特·布朗发现，悬浮在液体或气体中的微粒永不停息地进行着无规则运动。

1842年

德国物理学家和化学家尤利乌斯·罗伯特·迈尔最早总结、表述出能量守恒定律。

1856—1865年

英国物理学家詹姆斯·克拉克·麦克斯韦建立了电磁场的基本方程。他还预言了电磁波的存在。

1888年

德国物理学家亨利希·鲁道夫·赫兹首次用实验证实了电磁波的存在。

1895年

荷兰物理学家亨德里克·安东·洛伦兹发现磁场对运动电荷有作用力，人们称这种力为"洛伦兹力"。

1895年

德国物理学家威廉·康拉德·伦琴探测到一种波长为0.006～2纳米的电磁辐射——X射线。

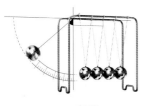

1970年

美国天文学家薇拉·鲁宾对星系旋转进行研究，发现宇宙中存在大量的暗物质。

1964年

美国物理学家默里·盖尔-曼提出夸克模型。

1935年

奥地利物理学家埃尔温·薛定谔提出著名的思想实验——"薛定谔猫佯谬"，说明量子力学里量子存在不确定性。

1930年

物理学家沃尔夫冈·泡利预言了中微子的存在，认为原子核衰变过程中，释放出的中微子会带走部分能量。

1927年

德国物理学家维尔纳·海森伯提出不确定性原理，认为粒子的位置和动量不可能同时被测定。

前5—前4世纪

墨子和他的学生进行了世界上第一个小孔成像实验，解释了小孔成倒像的原因，指出光沿直线传播。

前5—前4世纪

古希腊哲学家德谟克里特认为，一切事物的本原是原子与虚空，运动是原子固有的属性。

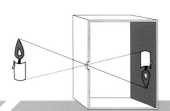

前3世纪

古希腊学者阿基米德提出杠杆定律和阿基米德定律，被誉为"力学之父"。

约202年

中国东汉末年，年仅五六岁的曹冲利用浮力原理，称出了大象的重量。

1657年

法国数学家皮埃尔·德·费马发现光沿着所需时间最短的路径传播，并用数学方法进行了证明。

16世纪末

意大利物理学家伽利略·伽利莱细致研究了物体的自由下落运动，指出若忽略空气阻力，重量不同的物体下落时会同时落地。

15世纪

意大利人莱奥纳多·达·芬奇设计了温度计和风力计的雏形，还绘制出多种飞行器草图。

1897年

英国物理学家约瑟夫·约翰·汤姆孙发现比原子还小的带负电的粒子——电子。

1898年

法国物理学家玛丽·居里和丈夫皮埃尔·居里发现了两种具有放射性的新元素——钋（Po）和镭（Ra）。

1900年

德国物理学家马克斯·普朗克提出量子假说。

1905年

美籍犹太裔物理学家阿尔伯特·爱因斯坦提出狭义相对论，并提出质能关系式，颠覆了牛顿的绝对时空论和质量不变论，开创了现代物理学的新纪元。

1916年

爱因斯坦发表广义相对论，认为引力是时空弯曲引起的。

1913年

丹麦物理学家尼尔斯·玻尔提出了量子不连续性，成功解释了氢原子和类氢原子的结构和性质。他被视为量子力学的奠基人之一。

1919年

英国物理学家欧内斯特·卢瑟福用α粒子轰击氮原子，发现了质子。

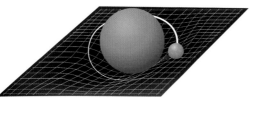

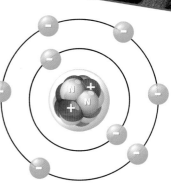

物理学家如何思考？

我们有一双明亮的眼睛，能观察日月星辰、天地山川。随着斗转星移，我们能发现白昼黑夜、月盈月亏、夏热冬寒。我们还有一个充满想象力、善于思考的脑，可以对这些自然现象进行思考和总结。

伽利略的比萨斜塔实验

古希腊哲学家亚里士多德认为，物体下落时，重物比轻物落得快。此后的近2000年里，人们对这一观点深信不疑。出生在意大利比萨城的伽利略却对此提出了疑问：如果用绳子把重的物体和轻的物体系在一起，它们下落得更快还是更慢？一方面，轻物拖慢了重物下降的速度，花费的时间应该比重物单独落地的时间要长；另一方面，它们整体的质量更大了，应该比重物单独落地的时间更快。细细一想，这个观点自相矛盾，难道亚里士多德错了？

传说，为了寻找问题的答案，在一个晴朗的日子，伽利略来到比萨斜塔上，当着众人的面，做了一个著名的实验：他同时抛下两个质量不同的球。围观的人们原以为质量大的铁球会先落地，结果却出乎大家的预料，两个铁球几乎同时落地。

伽利略用实验的方法论证了"无论物体轻重，下落的速度都是相同的"。这就是著名的自由落体定律。

科学家如何进行探究？

科学探究的过程异常艰辛，科学家需要具备坚强的毅力，不怕困难，坚持不懈，一次次重来，从而发现事物的一般规律。科学探究的常用方法有观察法、实验法、调查法、测量法和资料分析法等。

❶ 提出问题：科学家总是充满好奇。他们喜欢观察身边的世界，提出问题。

❷ 猜想假设：科学家根据已有的知识和信息，发挥想象力，对结果提出大胆且合理的猜想与假设。

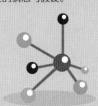

曹冲称象

曹冲是魏武帝曹操的儿子。五六岁时，他利用浮力的原理，称出了大象的重量，在历史上留下了"曹冲称象"的典故。

曹冲是如何称象的呢？他先让大象走到大船上，看船身下沉多少，再沿着水面，在船舷上画一条线，以作深度记号；然后把大象拉下船，往船上装石块，直到船下沉到与之前同样的深度；最后称出石块的总重，就得出大象的体重了！

曹冲不仅使用了等量代换法，用石块来替代大象，还运用了分步累积法，分步称出石块的总重。

什么是等量代换法？

等量代换法，顾名思义就是用一种量来代替和它相等的另一种量的方法。

运用数学语言

有别于我们日常生活中常用的文字，科学家在阐释科学问题时，会使用另一种全世界通用的语言——数学语言。

公式是用数学符号表示几个量之间关系的式子，以体现事物之间的普遍关系。物理学中的许多问题都是用公式表示的。比如，距离（S）= 速度（v）× 时间（t）。如果想要计算出某个物体移动的距离（S），我们可以用它的移动速度（v）乘以它移动的时间（t）。

物理学家爱因斯坦、法国物理学家保罗·朗之万等多位科学家的合影，他们身旁的黑板上写满了物理公式。

❸ 制定计划：选择材料、设计方法和步骤等，为实验做准备。

❹ 进行实验：要想验证假设的真伪，就必须做实验！科学家通常会做很多次实验，当然，失败是难免的。

❺ 观察记录：科学家观察实验中发生的各种变化，并记录过程和结果。

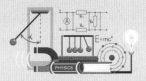

❻ 得出结论：在分析研究后，科学家总结规律，得出结论。如果结论与猜想不一致，他们就得从头再来，重新进行思考。

自然界中的物理

为什么会有春夏秋冬？为什么天空是蓝的？为什么植物大多呈绿色？为什么水能结成冰，还能变成水蒸气？对于自然界中的各种现象，你是否早已习以为常？事实上，其中蕴含着许多奇妙的物理原理！

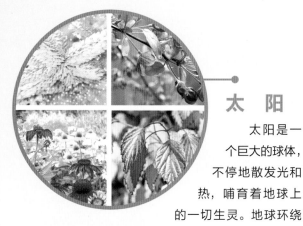

太阳

太阳是一个巨大的球体，不停地散发光和热，哺育着地球上的一切生灵。地球环绕太阳运行一周，需要一年。地球南北两极无论何时都很冷，赤道地区则始终很热。中国大部分地区处于北温带，在寒带和热带之间。一年间，季节不停流转，春暖花开，夏日炎炎，秋高气爽，寒冬萧瑟。

空气

我们每时每刻都在呼吸空气。它存在于我们四周，并不断移动。乍一看，空气中什么也没有，但其实它是一种透明且无色无味的混合物，主要由氮气（约78%）和氧气（约21%）组成，还包括水蒸气、二氧化碳、氩气、氖气、臭氧等。越往高空，空气越稀薄。

天空

太阳发出的可见光是复合光，由红、橙、黄、绿、蓝、靛、紫七种光组成。其中，波长较长的红光、橙光等色光穿透性强，大多透过大气射向地面，蓝光、靛光和紫光的波长较短，容易被大气分子等微粒散射到天空中。人眼对紫光不敏感，加上紫光在被散射的同时也被大气分子大量吸收，所以我们看到的天空大多数是蓝色的。

云朵

在太阳光的照射下，水被蒸发成水蒸气。一旦水蒸气过于饱和，就会凝结或凝华在空气中的微尘上，形成水滴或冰晶并飘浮在空中，聚集成我们所看到的云。云的形状和结构可以反映大气结构和天气变化。

植物

大多数植物都是绿色的，这是因为植物中含有叶绿素，叶绿素吸收大部分红光和蓝紫光，反射出绿光。所以，植物呈绿色。

雪　花

在低温的云层中，水蒸气会凝华为微小的六角形冰晶。由于空气的温度和湿度瞬息万变，雪花的形状也千变万化。

水的三态

水是一位擅长变身的魔术师，温度协助它开启魔法，化身为冰、液态水和水蒸气。

冰

当温度处于0℃或低于0℃时，水会冻结，变成固态的冰。在极地地区，冰川中的水分子井然有序地排列在一起。

水

当温度处于0～100℃时，水是一种无色、无味、无臭的液体。江、河、湖、海、洋中满是它的踪影。

水蒸气

常温下，不断运动的水分子会缓慢蒸发，从液态变为气态。当温度达到100℃时，水会剧烈沸腾，变成水蒸气。这些活跃的水分子升至空中，成为大气层的小成员。

* 在1个标准大气压下

闪　电

积雨云中的雨滴和冰晶等在气流的作用下发生激烈的摩擦、碰撞，使积雨云形成一定的电结构。云层上方带正电荷，中下方带负电荷，一旦所带电量超过某一量值，就会形成放电现象而产生强光。这就是我们俗称的闪电。

为什么我们总是先看到闪电，后听到雷声？这是因为在空气中，光的传播速度比声音的传播速度快得多。

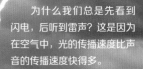

地球磁场

地球自身就是一个巨大的磁体。如果去野外游玩，你可以随身携带指南针。指南针内有一根用磁石磨成的磁针，由于受地球磁场的吸引，磁针的一端总是指向南方。

如何测量？

测量是进行物理实验的重要步骤之一。在进行实验的过程中，为了得到尽可能精确的测量结果，物理学家会使用不同的仪器，采用多种测量方法。

测量长度

测量长度的常用工具有刻度尺、米尺、卷尺等。如果需要测量更小的物体，科学家会借助游标卡尺和螺旋测微器。如果需要测量更大的物体，他们还会用到激光测距仪。

长度的国际单位是米，比米大的单位有千米、光年等。光年是光在真空中沿直线传播一年所经过的距离，由于数值很大，一般用于计量天体之间的距离。比米小的单位有分米、厘米、毫米、微米、纳米等。一张邮票的厚度大概为80微米。纳米更小，必须借助于现代的电子显微镜才能进行测量。

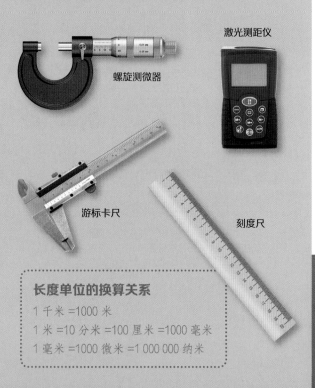

螺旋测微器

激光测距仪

游标卡尺

刻度尺

> **长度单位的换算关系**
>
> 1 千米 =1000 米
> 1 米 =10 分米 =100 厘米 =1000 毫米
> 1 毫米 =1000 微米 =1 000 000 纳米

测量温度

温度表示物体的冷热程度，人们用温度计测量温度，常用的温度计量单位是摄氏度（℃）。早在 1593 年，意大利科学家伽利略就发明了世界上第一支温度计。1659 年，法国科学家布利奥将测温物质换为水银，制作出一款新的温度计，它是现在水银温度计的雏形。

水银温度计

含空气的玻璃球

刻度柱

开口的器皿

带颜色的液体

> **伽利略温度计**
>
> 伽利略发明的温度计是一根一端带有玻璃球的玻璃管。他先往玻璃管中倒入一些有色液体，但不倒满，然后将玻璃管倒置在容器中。容器里有同样的有色液体。当被测温度的物质（这里指空气）与玻璃泡接触时，玻璃管内上方的空气会因为热胀冷缩而发生体积变化。气温升高时，液体柱会下降；气温降低时，液体柱会上升。玻璃管上标有对应的刻度，可以测量温度。

托 盘

底 座

砝 码

测量质量

每次体检时，你都需要称一下体重，即身体的质量。质量表示物体所含物质的多少。铁钉和铁榔头都含有铁，但由于铁榔头所含的铁比较多，所以它的质量更大。人们常用杆秤、案秤、天平秤、磅秤或电子秤来测量物体的质量。质量的单位有吨、千克和克，1吨 =1000 千克，1 千克 =1000 克。钻石的质量常用克拉作为单位，1 克拉 =0.2 克。

一个物体，无论其状态、形状、位置如何变化，质量是不变的。一块冰无论是融化成水，还是被制成冰沙，又或是被带到太空，它的质量永远不会变。

测量时间

在古代，人们发明了用来计时的日晷和沙漏。现代人测量时间的常用工具包括时钟、秒表等。除了"秒"外，还有分和时等时间单位。它们之间的换算关系是：1时 =60 分 =3600 秒。特别的是，它们之间是六十进制。比秒更小的单位有毫秒、微秒和纳秒。1 秒 =1000 毫秒 =1 000 000 微秒 =1 000 000 000 纳秒，它们之间是千进制。

时 钟

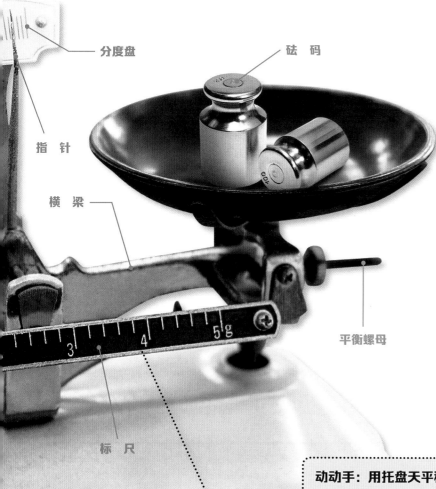

分度盘

砝 码

指 针

横 梁

平衡螺母

标 尺

日晷

秒 表

沙 漏

比较物体运动的快慢

蜗牛爬得慢，火箭飞得快，怎样判断物体运动的快慢呢？在百米赛跑中，发令枪一响，观众只需要看哪位运动员跑在前面，就可以确定谁运动得最快。这是运用相同时间比较距离的方法。裁判员的方法是用相同距离，比较谁用的时间更短，从而判断谁运动得更快。这就是比较运动快慢的两种方法。

物理学中通常用速度来描述物体的运动，比较物体运动的快慢。比如，一个物体1秒内移动1米，那么它的速度是1米/秒；另一个物体1秒内移动2米，那么它的速度就是2米/秒。显然速度2米/秒的物体比速度1米/秒的物体移动得快。

动动手：用托盘天平称量物体质量

1. 将天平放在水平桌面上。
2. 将游码移到标尺左端的"0"刻度线上。
3. 调节横梁上的平衡螺母，使指针对准分度盘的中央刻度线。
4. 将被称量的物体放入左托盘。
5. 用镊子向右托盘中加减砝码，移动游码，使指针对准中央刻度线。
6. 右托盘中砝码的总质量与游码所示质量之和，就是被测物体的质量。

走进微粒的世界

假如把一个物体一分为二，再分成四份，然后分成八份……这样无限地分下去，它到底可以被分成多小？我们最后看到的会是什么呢？真是难以想象。

组成物质的粒子

物质是由什么组成的？经过几千年的思考和研究，物理学家终于发现，物质由原子组成。目前地球上已发现的元素有 118 种，每种元素的原子都拥有相似的结构：内部是原子核，外部是电子。原子核里包含着质子和中子，它们都是由上夸克和下夸克组成的。

有了上夸克、下夸克和电子，就能组成常规的物质。如何把夸克"粘"到一起呢？一种可以施加强力的基本粒子发挥着"胶水"的作用，它被科学家命名为"胶子"。

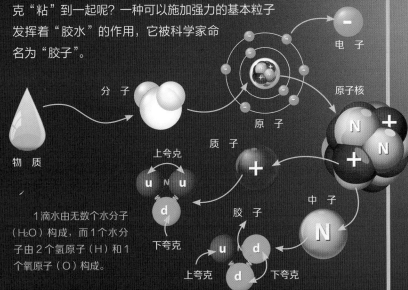

1 滴水由无数个水分子（H_2O）构成，而 1 个水分子由 2 个氢原子（H）和 1 个氧原子（O）构成。

物质的分类

物质可以分为纯净物和混合物，它们的区别在于是否由同一种物质组成。根据是否由相同元素组成，纯净物又可以进一步分成单质和化合物。

单质

由同种元素组成的纯净物被称为单质。两个氧原子构成的氧气分子（O_2）是单质，金、银等金属不活泼，也常以单质形式存在。

化合物

由两种或两种以上不同元素组成的纯净物被称为化合物，如水分子（H_2O）。

电子

它是一种带负（−）电荷的微粒，是电量的最小单元，常用符号e表示。

知识加油站

一些物理学家提出了弦理论。他们认为，自然界的基本单位是类似橡皮筋的"能量弦线"，不同长度和振动频率的弦构成了各种粒子。

原子结构模型的发展

1803 年
约翰·道尔顿

实心小球模型

原子是一个坚硬的实心小球，是单一的、独立的、不可被分割的。

中子

它与质子差不多大小，但呈电中性。

50万

一根头发丝的直径差不多相当于有50万个碳原子排在一起。

质子

它是一种带正（＋）电荷的微粒，可以吸引电子，因为正电荷和负电荷互相吸引。

原子核

它是原子的核心部分，由质子和中子两种微粒构成。

混合物

空气的主要成分是氧气和氮气，其中氧气分子由氧原子组成，氮气分子由氮原子组成。像空气这样由两种或两种以上的物质混合而成的集合体被称为混合物，因为氧气和氮气并没有组成一种纯净的物质，它们只是混合在一起，是可以被分离的。

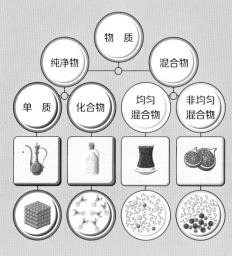

原子：微型太阳系

原子由带正电的原子核和带负电的电子构成，正负电荷数相等，所以原子整体是不带电的。与太阳系家族中的太阳一样，原子核位于原子的中心。原子核很小，它的直径只有原子直径的约十万分之一，却几乎集中了原子的全部质量。电子受原子核吸引，绕核做高速圆周运动，速度可达 2 200 000 米／秒。如果物体以这样的速度运动，绕地球一周只需 18 秒左右。

1904 年
约瑟夫·约翰·汤姆孙

葡萄干布丁模型

原子是一个呈中性的球，电子像一颗颗葡萄干一样镶嵌其中。

1911 年
欧内斯特·卢瑟福

原子行星模型

原子的质量几乎都集中于原子核，电子绕原子核做轨道运动。

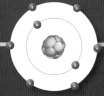

1913 年
尼尔斯·玻尔

量子轨道模型

电子并非随意占据原子核周围的空间，而是在固定的轨道上运动。

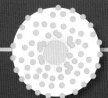

1926 年
埃尔温·薛定谔

电子云模型

电子在原子核外很小的空间内做高速运动，其运动没有固定的规律。

电、光和磁

清晨，当东方渐白，万物在晨曦中复苏，阳光洒向地面，色彩缤纷的世界呈现在我们的眼前。然而，光是什么？它和电、磁又有什么关系呢？

发现电，使用电

2500 多年前，古希腊哲学家泰勒斯发现，用毛皮摩擦过的琥珀能吸引细小的绒毛和草屑，这是对摩擦起电现象最早的记录。

如今，家家户户的电线都与电网相连，电网的另一端是发电站。发电站生产出电能，电能通过输电线，传至千家万户。

光和电的关系

光能可以转化成电能，太阳能电池就是利用太阳辐射发电。电能可以转化为其他形式的能量，如热能、光能和机械能。电灯就是将电能转化成热能和光能的设备，耀眼的闪电则是一种强烈的放电现象。

各种各样的光

太阳发出光，给我们带来一个色彩缤纷的世界。闪电、萤火虫、栉水母都能发光，它们是自然光源。人类学会钻木取火后用火炬照明，就有了人造光源。

我们常说的光其实是可见光，牛顿称之为"太阳的彩色影像"。自然界中还存在许多我们看不见的光，所有可看见的和不可看见的光统称为电磁波。

伽马射线	X 射线	紫外线

电磁波

波　长 ◀——————— 小于 0.1 纳米 ——————— | 0.006 纳米～ 2 纳米 | 40 纳米～ 390 纳米 |

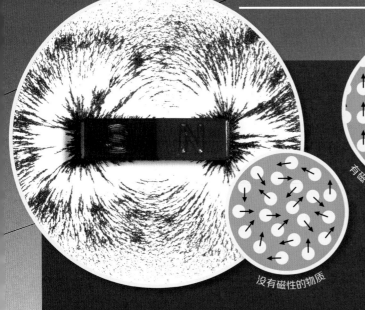

有磁性的物质

没有磁性的物质

神奇的磁

　　磁在我们生活中的应用很广泛。很多人喜欢可爱的冰箱贴，它的背面装有磁铁。冰箱门的封条也是有磁性的，从而让门关得更紧。耳机、电视机、空调、电门铃里也有磁铁。

　　一种物质是否具有磁性，取决于该物质的原子磁矩是否有序。事实上，每个原子都是一块迷你磁铁，如果它们的指向一致，那么所有的迷你磁场将叠加在一起，变成一个大磁场。而在没有磁性的物质中，原子的指向是杂乱无章的，它们的磁场会被互相抵消，最终无法形成更强的磁场。

磁极间的相互作用

　　磁体中磁性最强的部位叫磁极。N端叫北极，S端叫南极。如果让一块磁体的南极和另一块磁铁的北极互相靠近，它们会互相吸引；如果让两块磁体的北极（或南极）互相靠近，它们会互相排斥。

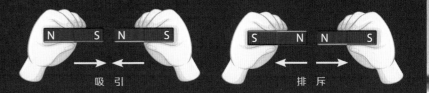

吸引　　　　　　　　排斥

💡知识加油站

　　来自太阳的高速带电粒子被地球磁场引导，进入地球南北两极附近的高空，与大气中的原子和分子碰撞，形成了五颜六色的极光。

电生磁，磁生电

　　1820 年，丹麦物理学家汉斯·奥斯特通过实验，证明电流周围存在磁场。此后，受到启发的物理学家开始反向思考，磁场能产生电流吗？英国物理学家迈克尔·法拉第经过多年努力，终于在 1831 年发现，磁体的运动会使周围的导线中产生电流，即电磁感应现象。1886 年，物理学家尼古拉·特斯拉发明了三相感应电动机，这种电动机促进了交流电的应用。如今，发电厂提供的就是交流电。

　　1832 年，法国人伊波利特·皮克西制造出最早的永磁发电机。这个发电机由一个定子（带铁芯的线圈）和一个转子（马蹄形磁铁）组成。

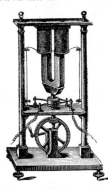

可见光	红外线	微波	无线电波
390 纳米～770 纳米	770 纳米～1 毫米	1 毫米～1 米	0.1 毫米～1 亿米

神奇的物质

物质是构成宇宙的要素。除了人们眼睛看得到、双手摸得到的实物是物质，透明气体、光、无线电等也是物质。从富饶的矿藏到轻盈的空气，从高大的树木到流淌的河水，大自然赐予人类多种多样的天然物质。同时，人类发挥聪明才智，又创造了成千上万种全新的物质。

钛 ·············
钛是一种既结实又轻盈的金属，适用于制造车辆和飞机。

物质的四种状态

   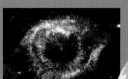

	熔化 →		汽化 →		电离 →	
固 态	← 凝固	**液 态**	← 液化	**气 态**	← 去离子	**等离子态**
		升华 →				
	← 凝华					

各种各样的物质

硫 ·············
硫是黄色的，常被用于制作火药、火柴头。在进行金属切削时，它还可以起到润滑作用。

玻 璃
玻璃是一种以石英砂、纯碱、长石及石灰石等为主要原料烧制而成的材料，常被用于制作窗户、杯罐、花瓶、透镜等。

碳
碳是一种非金属元素，以多种形式存在于自然界中，最常见的就是煤炭。钻石的主要成分就是碳，它是碳的同素异形体。

金
金常被用来制作假牙和首饰，它很稳定，一般不会和其他物质发生化学反应。

汞
汞，俗称水银，是常温常压下唯一以液态存在的有毒金属，常被用于制作温度计。

木 头
作为一种天然材料，木头纹理丰富，加工方便，而且结实耐用，非常适合制作家具。

铁
铁有良好的延展性，易生锈。人们在其中加入碳、铬等，制成坚固耐用的不锈钢。

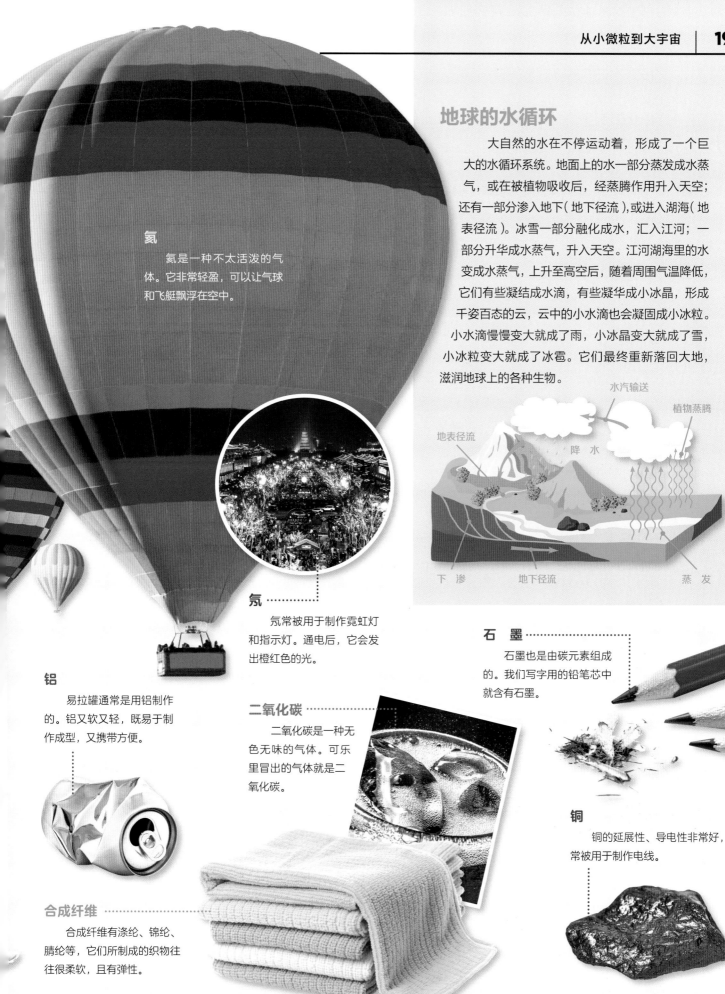

氦

氦是一种不太活泼的气体。它非常轻盈，可以让气球和飞艇飘浮在空中。

氖

氖常被用于制作霓虹灯和指示灯。通电后，它会发出橙红色的光。

铝

易拉罐通常是用铝制作的。铝又软又轻，既易于制作成型，又携带方便。

二氧化碳

二氧化碳是一种无色无味的气体。可乐里冒出的气体就是二氧化碳。

合成纤维

合成纤维有涤纶、锦纶、腈纶等，它们所制成的织物往往很柔软，且有弹性。

地球的水循环

大自然的水在不停运动着，形成了一个巨大的水循环系统。地面上的水一部分蒸发成水蒸气，或在被植物吸收后，经蒸腾作用升入天空；还有一部分渗入地下（地下径流），或进入湖海（地表径流）。冰雪一部分融化成水，汇入江河；一部分升华成水蒸气，升入天空。江河湖海里的水变成水蒸气，上升至高空后，随着周围气温降低，它们有些凝结成水滴，有些凝华成小冰晶，形成千姿百态的云，云中的小水滴也会凝固成小冰粒。小水滴慢慢变大就成了雨，小冰晶变大就成了雪，小冰粒变大就成了冰雹。它们最终重新落回大地，滋润地球上的各种生物。

水汽输送

植物蒸腾

地表径流

降水

地下径流

下渗

蒸发

石墨

石墨也是由碳元素组成的。我们写字用的铅笔芯中就含有石墨。

铜

铜的延展性、导电性非常好，常被用于制作电线。

万物运转靠能量

除了物质，世界上还有各种各样的能量。能量是一切的根源。俗话说："响鼓要用重锤敲。"意思就是，你越用力，声音的振幅就越大，声音的能量——声能也越大。除了声能，还有哪些能量呢？

生物能

为了获得能量，人类要摄取食物。食物被我们消化吸收后，其中一部分变成身体里的能量，让体温得以保持，血液可以循环，大脑得以思考，身体能够运动。

化学能

物质在发生化学反应时会释放能量。燃烧是一种剧烈的化学反应，木块、煤炭、天然气、石油等燃料燃烧时会释放出化学能。

撑竿跳高运动员起跑时，把自己的生物能转化成动能；然后用力向下压竿，利用撑竿弯曲，把动能转化成撑竿的弹性势能；最后，撑竿的弹性势能又转化成重力势能，让运动员跳得更高。

电能

各种电器都需要使用电能。电流大致有3种效应：热效应、磁效应和化学效应。热效应是将电能转化成热能，磁效应是把电能转化成电动机的机械能，化学效应主要用于电镀和电解。

机械能

机械能是物体动能、重力势能和弹性势能的总和。物体因运动而具有的能叫动能，动能的大小与物体的质量、运动速度有关。物体由于被举高而具有的能叫重力势能，它的大小与物体的质量以及物体离开地面的高度有关。弹簧、弓弩等物体在被拉伸或压缩后，会因为形变而具有弹性势能。弹簧的弹性越强，被拉伸或压缩得越多，它的弹性势能就越大。

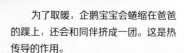

能量的转移

　　把食物放在火上烤，火焰的热量转移到食物上。随着温度上升，食物被烧熟，甚至被烧焦。打台球时，人们用球杆推动白球运动，彩球被白球撞击后也动了起来。在这个过程中，能量经由球杆、白球，传递给了彩球。

为了取暖，企鹅宝宝会蜷缩在爸爸的蹼上，还会和同伴挤成一团。这是热传导的作用。

能量的转化

　　远古人类烧柴取暖、煮食，已经学会了将柴火的化学能转化成热能。现在，电能通过电线被输送到千家万户，通过各类家用电器，转化成我们需要的能量。

太阳释放光能，光伏电池将光能转化为电能，电热水器再把电能转化成热能，水就变热了。太阳能热水器则直接把光能转化成热能。阳光照在植物上，植物进行光合作用，光能就被转化成了化学能。

骑自行车是将我们体内的生物能转化为自行车前进的机械能的过程。上坡时，我们需要使劲蹬踏板，这样就有更多的动能得以转化为机械能，自行车就能顺利爬上坡。

可怕的地震波

　　波是能量从一个地方向另一个地方行进的方式。海浪是一种波，站在海边时，我们看到一层层海浪从远处奔涌而来。地震也会产生波，海洋中的地震会引发强烈的海啸。顷刻之间，巨浪可能会将沿海的建筑夷为废墟。

海啸是如何形成的？

海边的建筑岌岌可危，随时可能被巨浪摧毁。

当海啸波到达近岸时，海浪越来越高。

能量以波的形式在海洋中传播。

地震释放能量。

断层　　震源　　震中　　波前

光能

　　光也是一种能量。太阳、点燃的蜡烛等发光物体都会释放光能。光波抵达我们的眼睛，大脑接收到光信号，我们才能看见周围的一切。

核能

　　通过核反应，如核裂变、核聚变，原子核中的一部分质量会变成能量被释放出来。爱因斯坦的质能关系式揭示了物体质量与能量之间的转化关系。

$$E=mc^2$$

E：总能量；*m*：物体的质量；*c*：真空中的光速

浩瀚的宇宙

科学家认为，宇宙诞生于一个密度和温度无穷大的奇点。这个奇点的爆炸非但没有摧毁一切，反而创造了构成宇宙的能量。它被看成是宇宙空间的诞生点和时间的起点。随后，这种能量开始变为物质的基本粒子，30万年后又变为原子，最后形成了宇宙间的天体和其他物质。

1. 宇宙在不到一百亿分之一秒内开始膨胀，随后第一颗基本粒子出现了。

2. 30万年后，宇宙温度充分冷却，原子核开始捕获电子，进而形成了第一颗原子。

3. 由氢气和氦气组成的气体云飘浮在太空中。大爆炸4亿年后，第一颗恒星诞生。

4. 星系形成，其间不断演化出新的恒星、行星和其他物质。

5. 大约46亿年前，太阳系形成，地球随之诞生。

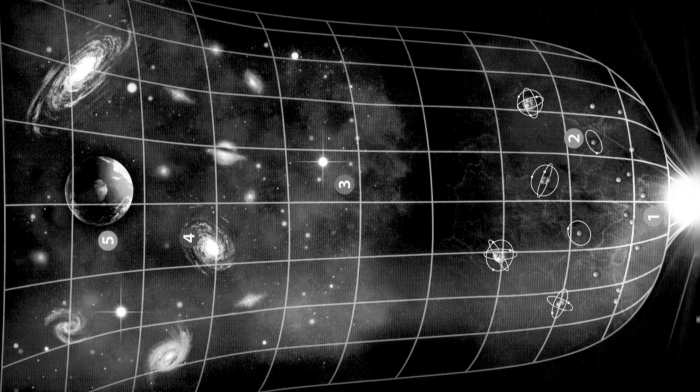

宇宙中现有的能量与它在138亿年前诞生时的能量一样多！

宇宙的构成

普通物质 5%
它由构成我们可见宇宙的原子组成，包括星系、星云、恒星、行星、气体、植物、动物等。所有物质之间都有引力作用。

暗物质 27%
与普通物质一样，由引力作用，暗物质聚集成团，彼此间内收缩，也不发出光，因而难以追踪。暗物质后吸收光，天文学家猜测它是一种尚未知道它的构成。天文学家猜测它是一种尚未被发现的亚原子粒子和普通物质的组合。

暗能量 68%
没有人知道暗能量到底是由什么构成的。引力会使宇宙的膨胀速度逐渐减缓，暗能量则表现为一种与引力作用相反形的手，推动我们看着不到它，但它像一只无形形的手，推动着宇宙加速膨胀。

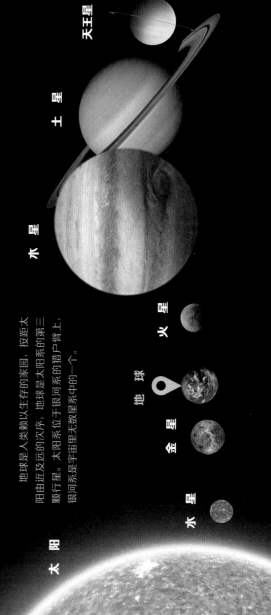

大爆炸理论的由来

要弄懂大爆炸理论，我们首先得了解红移现象。假如你站在马路边，听到来往汽车的声音，你会感觉到：当汽车靠近时，音调变高；而当汽车远离时，音调变低。这就是声音的多普勒效应。光和声音首相似，当光源靠近我们时，光的频率会向频率较高的紫光方向移动，这是光的"蓝移现象"；而当它远离我们时，光的频率就会向频率较低的红光方向移动，这是光的"红移现象"。

多普勒效应

蓝移

光 波

红移

频率高

频率低

1929年，美国天文学家埃德温·哈勃观测到其他星系的红移现象，也就是说，其他星系正在远离我们而去。随着宇宙膨胀现象进一步被证实，物理学家推算出大约100亿到200亿年前，早期的天体都位于同一个地方，这一切为宇宙大爆炸理论提供重要依据。

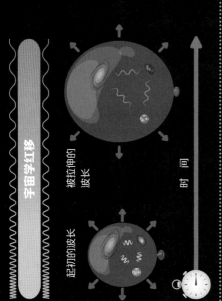

宇宙学红移

起初的波长

被拉伸的波长

时间

频率高

汽车向前运动时发出的喇叭声

汽车静止不动时发出的喇叭声

频率低

宇宙有多大？

狭义的宇宙指包括地球及其他一切天体的总称，广义的宇宙则是万物的总体，是时间和空间的统一体。我们看到夜空中的点点繁星，它们是宇宙中的天体。此外，宇宙中还有很多肉眼看不见的东西，如红外线、紫外线，以及暗物质和暗能量。

据估计，宇宙中包含了超过1000亿个不同大小的星系，而目前已知最小的星系就包含了1000万颗恒星。最新研究表明，宇宙的直径可达920亿光年以上，而且宇宙至今还在不断膨胀。

地球是人类赖以生存的家园，按距太阳由近及远的顺序，地球是太阳系的第三颗行星。太阳系位于银河系的猎户座臂上，银河系是宇宙里无数星系中的一个。

海王星

天王星

土 星

水 星

地 球

火 星

金 星

水 星

太 阳

显微镜：认识世界的精度

从远古时代起，人们就渴望认识这个世界。放大镜的出现让人们已经可以看到一些仅凭肉眼看不清的物体细节，但科学家依然不满足，他们想要了解更加微观的世界。

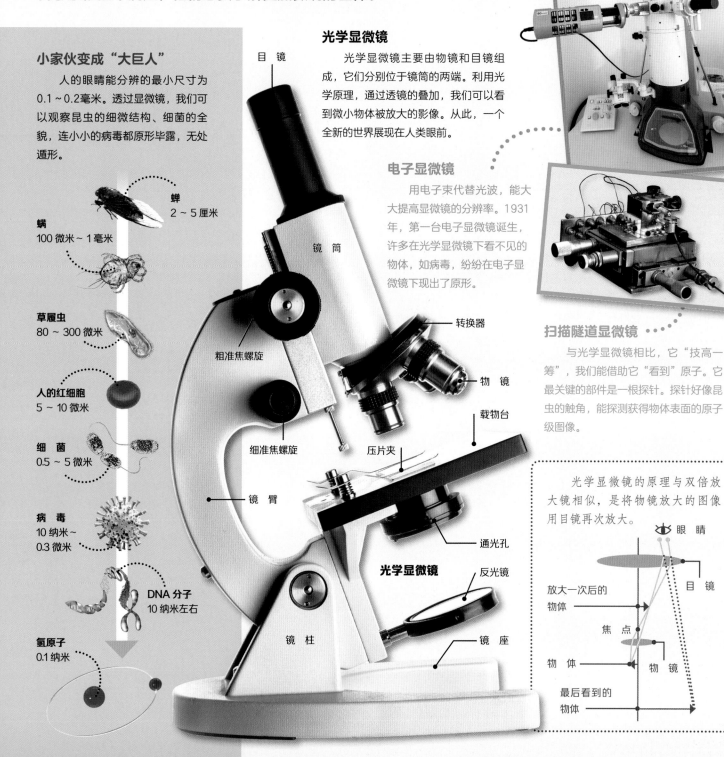

小家伙变成"大巨人"

人的眼睛能分辨的最小尺寸为0.1~0.2毫米。透过显微镜，我们可以观察昆虫的细微结构、细菌的全貌，连小小的病毒都原形毕露，无处遁形。

蝉
2~5厘米

螨
100微米~1毫米

草履虫
80~300微米

人的红细胞
5~10微米

细菌
0.5~5微米

病毒
10纳米~0.3微米

DNA分子
10纳米左右

氢原子
0.1纳米

光学显微镜

光学显微镜主要由物镜和目镜组成，它们分别位于镜筒的两端。利用光学原理，通过透镜的叠加，我们可以看到微小物体被放大的影像。从此，一个全新的世界展现在人类眼前。

电子显微镜

用电子束代替光波，能大大提高显微镜的分辨率。1931年，第一台电子显微镜诞生，许多在光学显微镜下看不见的物体，如病毒，纷纷在电子显微镜下现出了原形。

扫描隧道显微镜

与光学显微镜相比，它"技高一筹"，我们借助它"看到"原子。它最关键的部件是一根探针。探针好像昆虫的触角，能探测获得物体表面的原子级图像。

目镜

镜筒

转换器

物镜

粗准焦螺旋

细准焦螺旋

压片夹

载物台

镜臂

通光孔

光学显微镜

反光镜

镜柱

镜座

光学显微镜的原理与双倍放大镜相似，是将物镜放大的图像用目镜再次放大。

眼睛

目镜

放大一次后的物体

焦点

物体

物镜

最后看到的物体

望远镜：探索世界的广度

仰望星空时，我们发现，恒星只是夜幕中一个个微小的光点。许多恒星因为距离我们太过遥远，发出的光甚至需要经历数百万年才能到达地球。为了探索浩瀚宇宙的秘密，了解遥远的未知世界，我们需要新的工具，以作为肉眼的延伸。

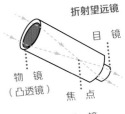

光学望远镜的原理

折射望远镜：光通过凸面的物镜后，集中于焦点，再向目镜射去。

反射望远镜：光从凹面的主镜反射到平面的副镜上，再反射至目镜。

折射望远镜　目镜　物镜（凸透镜）　焦点

反射望远镜　目镜　焦点　主镜（凹面镜）　副镜（平面镜）

折射望远镜

17世纪初，荷兰眼镜制造商汉斯·利珀希发明了世界上第一架望远镜（窥视镜）。1609年，伽利略发明了能将视角扩大33倍的折射望远镜，并用它观测天空。他观测到了坑坑洼洼的月球表面、木星的4颗卫星，还发现了太阳黑子。

伽利略的望远镜是第一架投入科学应用的实用望远镜。

位于西班牙拉帕尔马岛的加那利大型望远镜

反射望远镜

1668年，牛顿发明了反射望远镜。这种望远镜可以收集更多的光，从而获得更清晰的图像。后来，望远镜越来越大，观测的范围从可见光拓展到了不可见光。目前，全世界最大的反射望远镜是加那利大型望远镜，它的反射镜面不再是单独一块，而是由许多独立镜面拼接而成的。

牛顿发明的反射望远镜

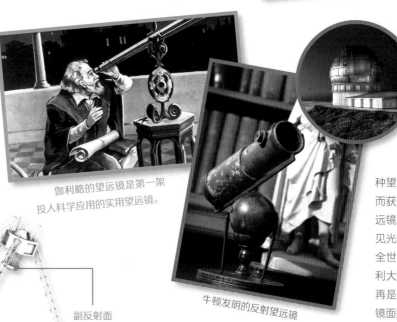

支撑杆
副反射面
支撑结构
主反射面
调节角度的装置
调节方位角的装置
馈源

射电望远镜

宇宙中不仅存在可见光，还有肉眼看不到的电磁辐射。如果给望远镜装上特殊的天线、高灵敏度的接收机，它就可以用来探测、收集这些电磁辐射，如射电望远镜、红外望远镜、X射线望远镜和伽马射线望远镜等。

空间望远镜

地球的大气层阻挡了大部分电磁波，大气湍流的扰动也会影响观测结果，于是科学家将望远镜发射到外太空。自1990年成功发射以来，哈勃空间望远镜已经成为天文史上最重要的仪器之一，持续地将各种观测数据通过无线电传输回地球。

眼睛看世界

有了眼睛，我们才能看到丰富多彩的世界。17 世纪，人们通过对动物眼睛的研究，发现物体是通过晶状体在视网膜上成像的。晶状体好像照相机中的凸透镜，而视网膜类似照相机里的胶片。

知识加油站

色盲患者的视锥细胞中缺乏一种或多种感光色素，所以无法感知一种或多种基色（即红、绿、蓝）。借助测试图，医生可以确定一个人是否患有色盲。

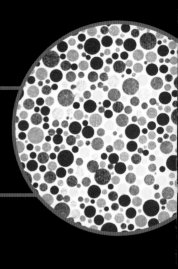

眼睛的视觉通路

视网膜上有两种视觉细胞，一种是可以感觉明暗变化的视杆细胞，另一种是可以辨别不同色彩的视锥细胞。视觉细胞所感知到的信息在视觉神经交叉的地方互相交换，最后被传递到大脑的视觉中心，形成倒立的图像。那么，为什么我们最后感知到的是正立的图像呢？科学家至今还没有找到明确的答案。

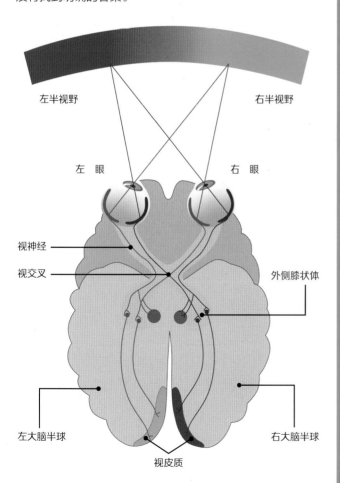

左半视野　　　　　　　右半视野

左 眼　　　　　右 眼

视神经

视交叉　　　　　　　　　　　　外侧膝状体

左大脑半球　　　　　　　　右大脑半球

视皮质

近视眼和老花眼

当我们看近处的物体时，睫状肌用力把晶状体压圆，使焦距更短，让图像出现在视网膜上。长期近距离看书会使晶状体持续受到压迫，失去还原能力。于是，当我们看较远处的物体时，图像会出现在视网膜前。这就是近视。近视患者需要戴上用凹透镜制作的眼镜，使进入眼睛的光稍稍发散，将图像后移到视网膜上。

随着年龄增长，睫状肌会慢慢退化，最后无法压圆晶状体。这就是老视，俗称老花眼。老视患者能看清远处的物体，但看近处的物体时，图像总是位于视网膜后方。患者需要戴上用凸透镜制作的眼镜，使进入眼睛的光线汇聚一些，将图像前移到视网膜上。

❶ 正常视力
图像形成在视网膜上。

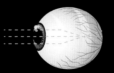

❷ 近 视
图像形成在视网膜前方。

❸ 老 视
图像形成在视网膜后方。

近视眼镜的镜片是中间薄、边缘厚的凹透镜。老视眼镜的镜片则相反，是中间厚、边缘薄的凸透镜。

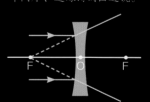

近视眼镜的凹透镜对光有发散作用。

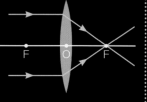

老视眼镜的凸透镜对光有汇聚作用。

照一照镜子

　　早晨对着镜子梳头，你会从镜子里清晰地看到自己。再看看旁边的瓷砖，上面映照出的你则显得模糊不清。假如面对的是水泥墙，那你压根儿看不到自己。

　　我们常用的镜子是平面镜，光射在平面镜上发生镜面反射，

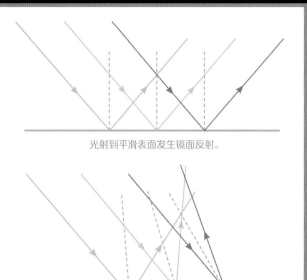

光射到平滑表面发生镜面反射。

能形成一个清晰的图像。当光射向表面不够平整的瓷砖时，出现的图像就比较模糊。至于水泥墙面就太粗糙了，光射到上面只会发生漫反射而无法成像。

光射到粗糙表面发生漫反射。

光的折射

　　1666 年，牛顿借助三棱镜观察到了光的色散，白光被分解为彩色的光带。我们可以清晰地看到，无论光从空气进入三棱镜中，还是从三棱镜再次进入空气中，其传播方向都发生了改变，这就是光的折射。不同颜色的光的偏折程度不一样。红光偏折程度最小，紫光偏折程度最大。凸透镜和凹透镜都运用了光的折射原理。

放入水中的吸管好像被折弯了。

白光通过三棱镜后，被分解成红、橙、黄、绿、蓝、靛、紫七种色光。

　　在烈日炎炎的沙漠里，地面的温度高，高空的温度低。由于光的折射和全反射作用，远处绿洲的倒影会出现在前方，形成海市蜃楼的奇观。

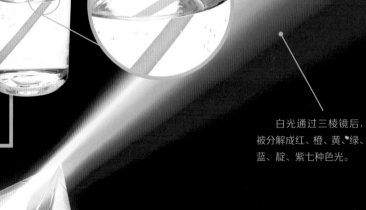

　　三棱镜是主截面为三角形的透明体。光从三棱镜的一个侧面射入，从另一个侧面射出。

知识加油站

　　唐代诗人储光羲写道："潭清疑水浅，荷动知鱼散。"意思是：潭水清澈见底，让人误以为水很浅，看到荷叶晃动，人们才知道鱼儿已游向别处去了。我们看向水下，总有一种"变浅"的错觉，这也是由于光的折射而引发的错觉。

耳朵听声音

语言是人类交流的工具。人们通过振动喉部的声带发出声音，并经由耳朵听到声音，以此传递信息、交流情感。

声波的耳内旅行

我们常说的耳朵其实是外耳，它的作用是收集外来的声波。声波经过外耳道后，来到外耳和中耳的分界处——鼓膜。鼓膜是一片半透明的薄膜，声波使其振动。中耳里有 3 块听小骨：锤骨、砧骨和镫骨。再往里走就是内耳，它掌管听觉，维持身体平衡。螺旋形的耳蜗是感音部位，里面充满液体，镫骨敲打与前庭相通的前庭窗，向耳蜗传递振动。

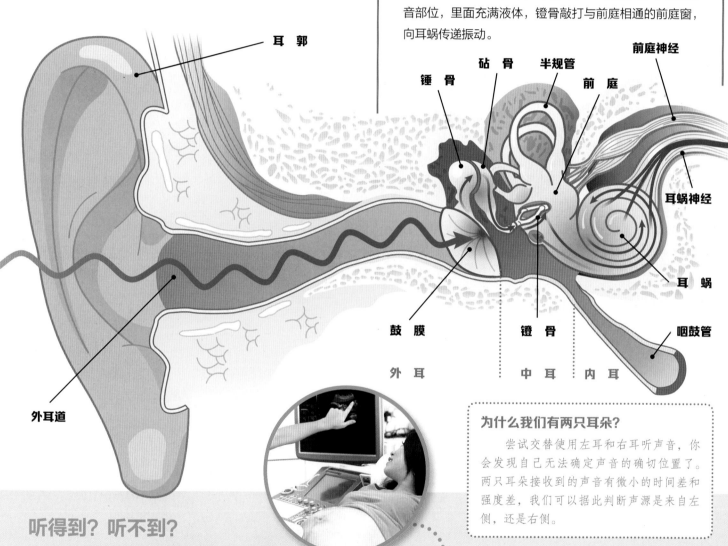

耳郭

砧骨　半规管

前庭神经

锤骨　　　前庭

耳蜗神经

耳蜗

鼓膜　　　镫骨

咽鼓管

外耳道

外耳　　中耳　内耳

为什么我们有两只耳朵？

尝试交替使用左耳和右耳听声音，你会发现自己无法确定声音的确切位置了。两只耳朵接收到的声音有微小的时间差和强度差，我们可以据此判断声源是来自左侧，还是右侧。

听得到？听不到？

我们听不到蝴蝶扇动翅膀的声音，却觉得蜜蜂、蚊子的"嗡嗡"声清晰可闻。这是因为声音音调的高低由物体振动的频率决定。蝴蝶振翅的频率小于 20 赫，属于次声波。而人耳普遍只能听到频率为 20 ~ 20 000 赫的声音。

海豚、蝙蝠都能发出频率高于 20 000 赫的超声波，并用自身拥有的回声定位系统来辨别方向。受此启发，科学家发明了声呐装置，利用超声波经水下物体反射形成的回声，来探测潜艇、鱼群的位置，探测海底深度，绘测海底地形图。

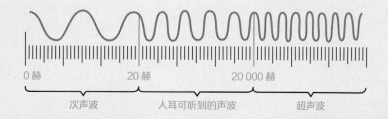

医院里的 B 超检查就是利用 B 型超声波成像的方法，帮助医生观察胎儿状况或病人体内的组织器官。

0 赫　　　　20 赫　　　20 000 赫

次声波　　　人耳可听到的声音　　　超声波

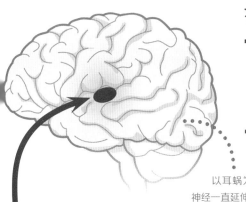

以耳蜗为起点，听觉神经一直延伸到大脑。

知识加油站

除了气体，声音也能在固体和液体中传播。"隔墙有耳"说明坚固的墙壁也能传播声音。生活在水里的鱼会被岸上的声音吓跑，说明液体也能传播声音。

声音的传播

英国科学家罗伯特·玻意耳曾经做了一个实验。他将一只小钟放进玻璃罩里，小钟借助杠杆持续被敲响。然后，他慢慢抽掉玻璃罩内的空气，随着空气的减少，钟声越来越小，直至完全消失。当他再次将空气注入玻璃罩中，钟声又渐渐变大了。这个实验证明：声音不能在真空中传播。我们听到的声音大多是通过空气传入耳朵的。

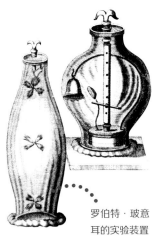

罗伯特·玻意耳的实验装置

噪声请走开！

在物理学中，噪声指物体无规律振动时所发出的声音，或是不同频率、不同响度的声音混合而成的杂乱声音。事实上，凡是让我们不舒服的，或是打扰我们工作、学习和休息的声音，都可以被归为噪声。

路边禁鸣喇叭的标志

听不见！太吵了！

人们有时窃窃私语，有时又扯着嗓门大喊。声音的强弱被称为响度，由物体振动的幅度决定。响度的计量单位是分贝（dB）。当我们小声说话时，声带振动的幅度小，所以声音的响度也小。当我们大声喊叫时，声音的响度就很大。

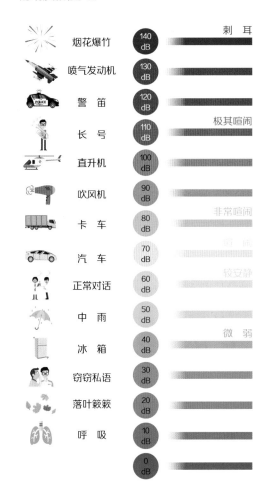

		刺耳
烟花爆竹	140 dB	
喷气发动机	130 dB	
警笛	120 dB	极其喧闹
长号	110 dB	
直升机	100 dB	
吹风机	90 dB	非常喧闹
卡车	80 dB	
汽车	70 dB	较安静
正常对话	60 dB	
中雨	50 dB	
冰箱	40 dB	微弱
窃窃私语	30 dB	
落叶簌簌	20 dB	
呼吸	10 dB	
	0 dB	

把声音画出来

响度、音调和音色是声音的三要素。科学家以声波振动幅度（振幅）的大小来表示响度，以一定时间内声波振动次数（频率）的多少来表示音调，以声波的形状（波形）来表示音色。

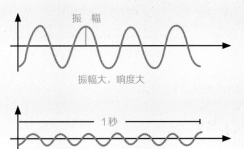

振幅

振幅小，响度小

振幅

振幅大，响度大

1秒

频率低，音调低

1秒

频率高，音调高

感受温度

原子携带着热能，始终在不停地运动着。它携带的能量越多，就运动得越快。我们如果能让这些原子静止不动，就可以制造出完全冰冷的物体，这种状态下的温度被称为绝对零度。

冷热的衡量标准

什么是冷？什么是热？每个人的感受不太一样。如何对冷热确立统一的标准呢？首先必须确定温度的单位。

1712年，德国物理学家丹尼尔·华伦海特确立了华氏温标，单位为华氏度（℉）。在1标准大气压下，水的冰点为32℉，沸点为212℉，其间分成180等份，每等份代表1℉。大部分国家常用的温度单位是摄氏度（℃），由瑞典天文学家安德斯·摄尔西斯于1742年首创。

红外测温

不同温度的物体发出的红外线不一样，所以可以利用红外线测量温度。不同颜色代表着不同温度。

温度计的两端都是封闭的，最下端是液泡，里面装着测温液体（水银或煤油）。如果温度上升，测温液体受热膨胀，液面上升；如果温度下降，测温液体受冷收缩，液面则下降。

最古老的光

宇宙背景辐射是宇宙大爆炸遗留下来的热辐射。在温度低（图中蓝色部分）且恒星密集的地方，星系率先出现。

动物气象员

蟋蟀振动翅膀时会发出声音，通过计算蟋蟀一定时间内发出声音的次数，人们可以估算环境温度。

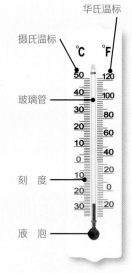

热和冷

热可以带来各种变化，比如，让冰熔化成水，让水蒸发为水蒸气，让食物变熟，让可燃物燃烧。

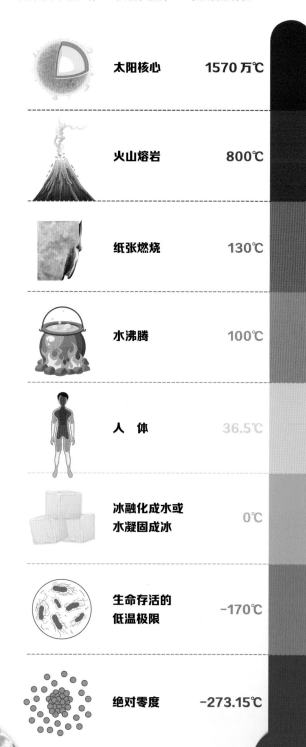

太阳核心	1570万℃
火山熔岩	800℃
纸张燃烧	130℃
水沸腾	100℃
人 体	36.5℃
冰融化成水或水凝固成冰	0℃
生命存活的低温极限	-170℃
绝对零度	-273.15℃

-273.15℃是科学家断言的自然界中的最低温度，也就是"冷"的极限。事实上，绝对零度只能无限趋近，不可能达到。

知识加油站

不同温度的物体间会发生热传递，热量会自发地从高温物体移向低温物体。冬天，你身体里的热量不断向外逸出，所以你需要穿上厚衣服，以阻止热量散发。

冰箱可以制冷，使食物保持恒定的低温状态。

铜锅的导热性特别好，因而使用铜锅可以节省燃料。

煎、炒、炸、炖、蒸、烤……烹饪食物的方式多种多样。充分的加热可以杀灭食物里的致病菌。

燃气灶的热传递

现在，大多数家庭的厨房里都有燃气灶。燃气灶一点火，没过多久，锅里的水就被烧热了。燃气燃烧产生热量，以热辐射的形式加热水。用手去握一下锅把，你会发现锅把也是热的，锅底的热量传递给锅把，锅把又将热量传递给手，这就是热传导。水开始被加热后，挨着锅底的水分子先受热上升，但在上升过程中会逐渐冷却，然后变冷的水分子又下沉，这个过程被称为热对流。如此周而复始，最后锅里的水就都被烧热了。热辐射、热传导和热对流是热传递的 3 种方式。

热对流

热传导

热辐射

发酵需要一定的温度，所以在冬日的室温下，面团很难发酵变大。

一包热空气飞上天

吹泡泡时，一个个小肥皂泡飞向空中，在阳光的照耀下显得五彩缤纷。仔细观察，你会发现，肥皂泡总是先上升，然后慢慢下降。这是为什么呢？

最开始，我们从嘴里吹出热气体，肥皂泡里气体的温度高于外部空气的温度，因此，前者的密度小于后者的密度。肥皂泡就好像热气球一样，排开周围的冷空气，并受到与排开的冷空气重力相等的浮力。此时浮力大于它自身的重力，肥皂泡就上升了。慢慢地，随着肥皂泡内部气体的温度不断下降，肥皂泡渐渐变小，它所受到的浮力也渐渐变小。当浮力小于它自身的重力时，肥皂泡就往下落了。

冷空气　　热空气

无处不在的力

宇宙中的天体、地球上包括空气在内的一切物体、物质内部永不停息地进行无规则运动的微粒，都受到力的作用。力无处不在。

什么是力？

力就像一位看不见、摸不着的隐形怪，无人不晓它的厉害。它能让汽车疾驰，让轮船航行，将宇宙飞船送往太空；它有"定身术"，能让大门紧闭，让汽车刹车，让你动弹不得；它还懂"变形技"，可以让弹簧变长变短，让手臂变弯变直。

各种各样的力

力的形式多样，作用效果很多。它可以使物体的运动状态发生改变，如加速、减速或进行圆周运动，也可以使物体发生形变。

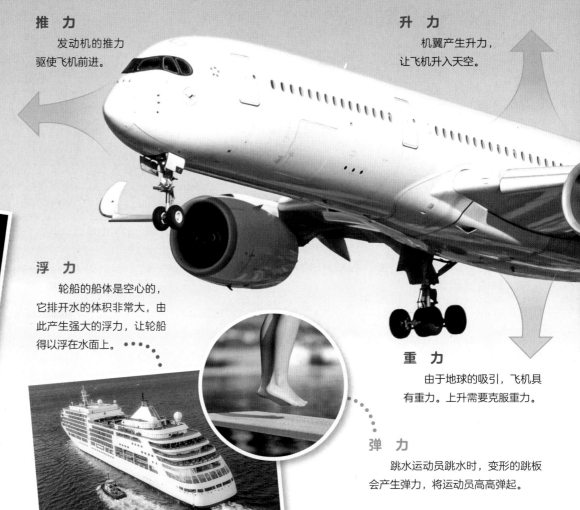

推 力

发动机的推力驱使飞机前进。

升 力

机翼产生升力，让飞机升入天空。

浮 力

轮船的船体是空心的，它排开水的体积非常大，由此产生强大的浮力，让轮船得以浮在水面上。

重 力

由于地球的吸引，飞机具有重力。上升需要克服重力。

万有引力

巨大的万有引力既能吸引小小的苹果落地，又能牵引八大行星围绕太阳转动。

弹 力

跳水运动员跳水时，变形的跳板会产生弹力，将运动员高高弹起。

力的三要素

❶ 大小：力有大有小。有些东西轻于鸿毛，你不费吹灰之力就能拿起；有些东西重如泰山，哪怕用尽全力，你也无能为力。

❷ 方向：力朝着特定的方向发挥作用。你向左踢球，球会向左飞；你向前推箱子，箱子就往前运动。

❸ 作用点：握住门把手，轻轻一推，门就开了。如果推门的最内侧，你一定觉得费劲极了！这是因为力的作用点变了。

支持力
重 心
重 力

杠铃的重力和举重运动员对其向上的支持力达成了平衡。

可以恢复原状的弹力绳

变形技

两辆汽车相撞后，它们的接触面可能会凹陷，也就是发生形变。由此我们可以判断力的存在。力带来的形变有两种。橡皮泥被我们揉捏后，无法恢复到之前的形状，这是塑性形变。但我们如果拉扯弹簧、橡皮筋，松手之后就会发现，它们又回到了最初的状态，这叫弹性形变。

压 力

压力是物体被挤压时产生的力，比如当你靠在墙上时，就对墙面产生了压力。水里也有压力，越往深处，你所受的压力越大。

阻 力

飞机飞行时，机身与空气间会产生摩擦，即摩擦阻力。

磁 力

有了磁力，磁悬浮列车就可以不接触轨道，悬浮在空中。车轮和铁轨之间有一层薄薄的空气，列车和铁轨之间的摩擦力就会变得很小。

拉力　　　　　　拉力

拔河比赛僵持不下，左右两边的队员对绳子的拉力达成了平衡。

动，动起来！

力可以改变物体的运动状态。骑自行车时，如果希望行进速度快一些，你需要用力蹬踏板，蹬的力越大，加速越快。在突然遇到障碍物要刹车时，你就要用力捏刹车闸，这时车子做减速运动。力带来的运动有什么规律吗？1687 年，艾萨克·牛顿总结出三大运动定律。

牛顿运动定律

牛顿第一运动定律：双手没有碰到购物车时，它纹丝不动。当购物车运动时，你不需要推，它也会向前运动（没有摩擦力的情况下）。也就是说，在没有外力作用下，任何物体都保持静止或做匀速直线运动。

牛顿第二运动定律：推空的购物车十分容易，但如果它装满了东西，推起来便十分费力。也就是说，物体的加速度与所受的外力成正比，与物体的质量成反比，其方向与外力方向相同。

牛顿第三运动定律：我们推购物车时，购物车也在推我们，这两个力大小相等，方向相反。也就是说，相互作用的两个物体之间的作用力和反作用力总是大小相等，方向相反，且在同一直线上。

💡知识加油站

在没有外力作用的情况下，物体的运动状态不会改变，原本静止的物体继续静止，原本运动的物体还将以本来的速度沿直线继续运动下去。这就是惯性。急刹车时，乘客还会保持之前的运动状态，身体会不自觉地向前冲。所以，乘坐汽车时需系好安全带，乘坐公交车时要抓好扶手。

从绝对到相对

艾萨克·牛顿和阿尔伯特·爱因斯坦都是伟大的物理学家。关于物质、力、能量和时空，他们提出了自己独特的见解，并加以验证，在建立、颠覆和重建之间，改变了我们看待和思考宇宙的方式。

光速是不变的

　　宇宙太大了，天体间的距离太过遥远，所以人们用光年来衡量它们之间的距离。光是宇宙中移动速度最快的物质，仅仅1秒钟，它就可以绕地球转7.5圈！

　　当你坐在低速运行的公交车后排座位上，恰巧前排的乘客往前走时，站点静止候车的人看到的乘客移动的速度等于车速与走动速度之和，要比你眼中乘客走动的速度快。但是，爱因斯坦提出，这一规律并不适用于光。当一束光飞过时，乘坐飞机的人与站在地上的人所看到的光速都是一样的。这就是光速不变原理。

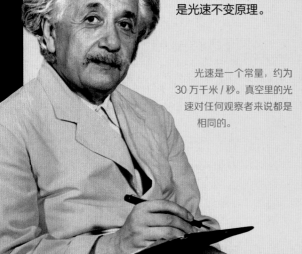

光速是一个常量，约为30万千米/秒。真空里的光速对任何观察者来说都是相同的。

从绝对时空观到狭义相对论

　　1687年，牛顿的《自然哲学的数学原理》一书出版。在他看来，时空是绝对的，也就是说，时间、空间与观测者的运动状态无关，不会因外力而发生改变。一些人对此提出了质疑。1905年，爱因斯坦提出狭义相对论，指出绝对时空观只是人们在低速状态下的经验总结，它并不适用于光，光速是始终不变的。狭义相对论颠覆了牛顿的绝对时空主张。

　　如果我们准备两个完全相同的精密时钟，一个放到正在高速飞行的飞机上，另一个放在地面上，一段时间后，我们会发现飞机上的钟走慢了。如果你坐在高速飞行的飞机上，你会发现窗外的环境也产生了收缩。这是因为速度会改变时间和空间。进行高速运动时，时间会变慢，空间也会变小。不过，在我们目前能够实现的速度下，这样的变化极其微小，人是感受不到的。

从万有引力定律到广义相对论

同样在《自然哲学的数学原理》一书中，牛顿写下了著名的万有引力定律。人们终于知道，原来有一股力量，牵引着地球绕太阳旋转，也将我们牢牢地束缚在地球上。但是，地球只是被太阳拽着玩的小溜溜球吗？爱因斯坦并不这么认为，在他看来，引力只是一种假想力，一切都是时空扭曲的结果。

如果把一颗铁球丢到一块平整展开的橡胶布上，橡胶布立刻发生凹陷。爱因斯坦认为，一个大质量天体会让周围的时空产生凹陷，如果另一个质量较小的天体接近它，会因为处在被扭曲的时空中而被吸引，从而被拉入大天体周围的轨道中。

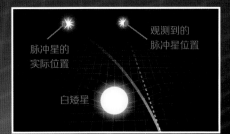

脉冲星的
实际位置

观测到的
脉冲星位置

白矮星

白矮星的质量很大，它周围的时空被扭曲了。当科学家观测它附近的一颗脉冲星时，他们发现脉冲星的位置好像移动了。

任何有质量的物体都会使它周围的时空发生扭曲。物体的质量越大，时空就扭曲得越厉害。

μ子光临地球

μ子是一种不稳定粒子，源自地面15千米以上的空间。只需要2.2微秒，μ子便发生衰变，寿终正寝。如果以地球时间计算，μ子的运动速度即使达到光速，也无法到达地球，那么科学家是如何探测到它们的呢？

这是由于μ子相对于探测者在高速运动，产生了时间膨胀效应。在狭义相对论中，速度越快，时间越慢。快速移动的μ子的衰变速度比它们相对于探测者静止时的衰变速度要慢很多，这就使一些μ子有足够的时间到达地球。

用质量换能量

质量和能量好似一枚硬币的两面。物质的质量可以转化为能量，反之亦然。大部分元素的原子核都非常稳定，但它们在一定条件下会聚合，也会分裂。当原子核自身质量减少时，它们就会释放出能量。

聚变反应

原子核相遇后，通常会彼此弹开，不会造成质量损失。但在极端条件下，一些原子核会猛烈撞击，然后结合在一起，形成新的原子核。在这个过程中，原子减少的质量转化成了能量。

太阳释放的光和热就是经由核聚变反应产生的。太阳核心处巨大的压力和极高的温度可以让原子核聚合，并释放出巨大的能量。这也是氢弹爆炸的原理。

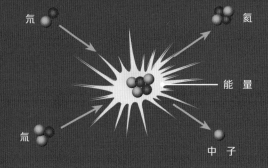

氘

氚

氦

能量

中子

裂变反应

一些质量非常大的原子核，如铀核，在吸收一个中子以后，会分裂成两个（或多个）中等质量的原子核，并把一部分质量转化成能量释放出来。反应过程中所释放的中子又会被其他铀核吸收，引发链式反应，进而释放出更大的能量。这就是原子弹爆炸的原理。

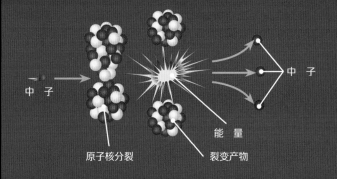

中子

中子

能量

原子核分裂

裂变产物

声音的艺术

在欣赏音乐时，我们能感受到古琴的深沉悠远、二胡的如诉如泣、大提琴的稳重舒缓、箫的婉约飘逸。每种乐器都有自己的特色，它们的振动都是有规律的，我们将这类声音称为乐音。

乐器如何工作？

乐器通过振动发出声音，振动的频率越高，声音的音调就越高。吉他有 6 根粗细不同的琴弦，按压不同的琴弦和琴弦的不同部位，乐手可以奏出各种音调。琴弦被拨动后开始振动，引起周围空气振动，于是声音就以波的形式传播出去。

什么是音色？

不同的乐器，即使发出的响度和音调相同，我们仍然能够通过音色区分它们发出的声音。这是因为各种乐器的设计和制作材料等都不尽相同，所以振动方式和音域范围各异。

音乐由音构成

如果声音的振动是规律的，且频率单一，那么我们听到的便是单个的音，即纯音。以纯音为基础，再叠加不同频率的振动，就产生了一个复合音。我们平时听到的声音大多是由许多纯音组合而成的复合音。在复合音中，频率最低的音是基音，频率高于基音的则是泛音。泛音的多少，以及泛音和基音的叠加是否和谐，决定了音色的好坏。

基　音	
泛　音	
泛　音	
复合音	

绿色曲线是基音的波形；蓝色曲线是第一泛音的波形，它的频率是基音频率的 2 倍；紫色曲线是第二泛音的波形，它的频率是基音频率的 3 倍。3 个音被叠加后，形成了用橙色曲线表示的波形。

大多数人都能分辨两个音的高低，只有少数人拥有绝对音感，也就是在没有给出基准音前，听者能分辨任一音的音名及音高。据说，奥地利天才音乐家莫扎特在孩提时代就拥有绝对音感。

街头演奏者会用水杯演奏音乐。每个水杯里的水量不同，导致玻璃的共振面积不同，所以它们能发出各种音调。

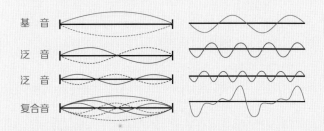

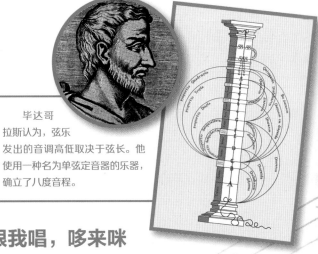

毕达哥拉斯认为，弦乐发出的音调高低取决于弦长。他使用一种名为单弦定音器的乐器，确立了八度音程。

跟我唱，哆来咪

早在距今 2600 余年的春秋时期，我国就确定了五音：宫、商、角、徵、羽。类似一阶一阶爬楼梯，五个音级逐渐升高，构成了五声音阶。所以，在形容一个人唱歌走调时，我们会使用成语"五音不全"。如今，人们普遍使用自然七声音阶，也就是我们熟悉的由 C（Do）、D（Re）、E（Mi）、F（Fa）、G（Sol）、A（La）、B（Si）构成的音阶。

人 声

　　最早的音乐是我们人类发出的声音。相比于男歌唱家，女歌唱家的音调通常更高。

听一场音乐会

　　有的乐器音域广，有的乐器音色多，有的乐器适合表现宏大雄壮的主题，有的乐器擅长展现优美清亮的音色。音乐家把不同乐器发出的声音组合起来，创作出各种旋律，呈现多样的音乐表演。

中国高音歌唱家戴玉强（左）和殷秀梅（右）

电子琴

电子乐器

　　电子乐器通过将演奏者的击键动作转化为电信号发出声音，它可以模仿多种乐器的音色。

管乐器

　　演奏者朝着吹口吹气，管内的空气就会振动，声音随之流泻而出。

萨克斯管

笛 子

琵琶

弦乐器

　　紧绷的琴弦被拨动或被琴弓摩擦时，会发出声音。

打击乐器

　　紧绷的鼓皮被击打后会振动发声。演奏者通过调节鼓皮的紧绷度，来为鼓校音。

回声和混响

　　声波在传播过程中遇到障碍物后，会像网球撞击墙壁一样被反弹回来，这就是回声。反复被回弹的声音叠加到一起，就会形成混响，让声音变得模糊不清。所以，电影院或歌剧院的内墙会被布料包裹，或稍有倾斜，甚至被特意做得凹凸不平，目的就在于将混响降至理想范围内。

架子鼓

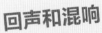

中国国家大剧院演出厅

画家也懂物理学

对于画家来说，完成一幅作品不仅需要考虑颜料的选择、色彩的使用，还需要考虑明暗、构图、视角等。不懂点物理学知识，那是万万不行的！

颜料调色

绘画和印刷中的调色是通过吸收和反射光线来创造色彩的。人们将颜料三原色——品红、青和黄混合在一起，就能创造出缤纷的颜色。这一混色原理利用了不同颜料的滤光特性，即滤除白光中的部分色光，留下所需要的色光。

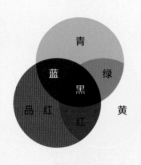

色光调色

电脑、手机、彩色电视屏幕的混色原理是：将红、绿和蓝三种色光以不同的比例进行混合，增加光的强度，从而得到千变万化的色彩。

知识加油站

在印刷中，由于油墨的纯度不够，三原色混合后只能产生深灰色，无法形成能吸收全部色光的黑色。因此在彩色印刷中，除了使用三原色油墨，人们还需要准备黑色油墨。

为什么人们喜欢在夏天穿白色衣裤？

白色可以反射各种颜色的光，而黑色能吸收所有颜色的光，所以在夏天，人们喜欢穿白色或其他浅色的衣裤，穿上它们更凉快。在冬天，人们更喜欢穿黑色或其他深色衣裤，以利于保暖。舞蹈演员常常身着白色衣服登台表演，在追光灯的照射下，白衣可以呈现各种色彩。

看色相环，选颜色

色相环中隐藏着有关颜色间关系的秘密。通过选取和搭配色相环上的不同颜色，我们可以营造出各种效果。

色相环中的三原色是红、黄、蓝，它们在环中形成一个等边三角形。

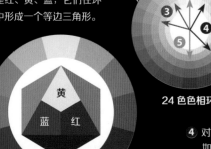

12 色色相环

24 色色相环

① 同类色：同一种色相下，明度、纯度有深浅之分的颜色。

② 邻近色：24 色色相环中相距约 30°的两种颜色。邻近色的色相有一定差别，但色彩的明暗程度相同，搭配起来很和谐。

③ 类似色：色相环中相隔约 60°左右的颜色为类似色。

④ 对比色：色相环中相距 120°至 150°的两个颜色，如橙与紫。

⑤ 互补色：色相环中相距 180°的颜色，色彩的对比最为强烈，如黄和紫。

用灰暗色调体现主题
《吃马铃薯的人》，1885年，文森特·凡·高

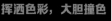

挥洒色彩，大胆撞色
《夜咖啡馆》，1888年，文森特·凡·高

敦煌壁画

来自大自然的颜料

在合成颜料发明之前，人们从大自然中取材，将色彩斑斓的矿物、植物和昆虫捣碎、研磨，调制出各种颜料，以绘制艺术作品。几千年前，古埃及人将青金石或蓝铜矿磨成粉末，调制出人工颜料埃及蓝，用来给雕像、壁画、饰品上色。

蓝色：硅酸铜盐、亚铁氰化铁
浅红色：赭石（三氧化二铁）
红色：辰砂（硫化汞）
黄色：雌黄（三硫化二砷）
绿色：孔雀石（碱式碳酸铜）
黑色：煤粉、木炭
白色：白垩（碳酸钙）

利用镜子画画

许多画家在创作过程中，会巧用镜子。镜子既可以用来观察自己，塑造形象；还可以帮助画家发挥创造力，拓展画作空间和表现形式。你知道吗？早在几百年前，画家就悄悄地利用镜子这个秘密武器"作弊"了！

《自画像》，1646 年，约翰尼斯·冈普

很多伟大的艺术家都描绘过自己的形象，用来增进画技，观察自我，甚至反思人生。他们是如何精准地临摹出自己容颜的呢？当然是对着镜子画自己！

《凸面镜中的自画像》，1524 年，帕米贾尼诺

在尼德兰画家扬·凡·爱克的这幅油画作品《阿尔诺芬尼夫妇像》（1434年）中，中央的凸面镜是点睛之笔。镜子里不仅映照出了夫妇的背影，还可以看到两个人正从门口进来，他们分别穿着红衣和蓝衣。凸面镜把空间转化成了一个球面世界，不仅拓展了空间，还呈现出多个视角。

早在15世纪30年代，西方画家就开始借助凹面镜进行创作了。但用凹面镜绘画的画幅很受限。后来，借助小孔成像进行创作一度广为流行。画家将画布放在小孔前，远处的人物、物品和景色可以透过小孔倒映在画布上，画家照着倒置的图像，用黑色或白色画笔勾画图像轮廓后，再进行着色，这就是暗箱技术。

利用暗箱，影像可以被投射在画布上。

17 世纪，人们尝试将玻璃镜头配置在暗箱的小孔上，映射的图像由此变得更精细了。

光的魔法

从放大镜、远视眼镜、望远镜和显微镜，到照相机、摄像机、电影放映机和幻灯机，在我们的日常生活中，凸透镜的应用非常广泛。你可能有个疑问，为什么我们通过照相机、摄像机看到的图像都是缩小的呢？要想知道答案，我们需要先了解凸透镜的成像规律。

咔嚓，拍张照！

照相机可以将远处秀美的风景浓缩在方寸之间。传统照相机使用胶片记录影像，胶片上的像是倒立的。如今的数码相机利用数字电路板，将倒立的像再次倒立过来，所以在取景器和显示屏上，我们看到的影像是正立的。

凸透镜的成像规律

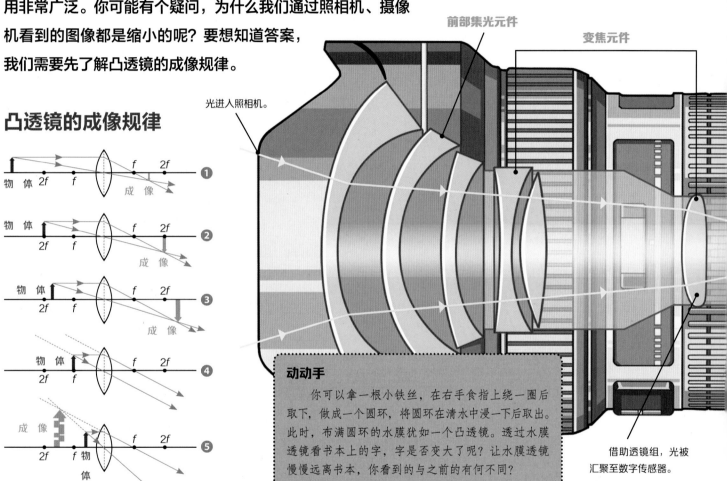

光进入照相机。

前部集光元件

变焦元件

借助透镜组，光被汇聚至数字传感器。

动动手

你可以拿一根小铁丝，在右手食指上绕一圈后取下，做成一个圆环，将圆环在清水中浸一下后取出。此时，布满圆环的水膜犹如一个凸透镜。透过水膜透镜看书本上的字，字是否变大了呢？让水膜透镜慢慢远离书本，你看到的与之前的有何不同？

f：焦距，指平行光入射时从透镜光心到光聚集的焦点的距离。　　u：物距，指物体到透镜光心的距离。　　v：像距，指像到透镜光心的距离。

	物距（u）	像距（v）	成像的方向	成像的大小	成像的虚实	生活中的应用	特　点	物与像的位置关系
❶	$u > 2f$	$f < v < 2f$	倒立	缩小	实像	照相机、摄像机	—	异侧
❷	$u=2f$	$v=2f$	倒立	等大	实像	测定焦距	成像大小的分界点	异侧
❸	$f < u < 2f$	$v > 2f$	倒立	放大	实像	幻灯机、电影放映机、投影仪	—	异侧
❹	$u=f$	—	—	—	不成像	强光聚焦手电筒、制造平行光	成像虚实的分界点	—
❺	$u < f$	$v > u$	正立	放大	虚像	放大镜	虚像在物体同侧，且位于物体后方	同侧

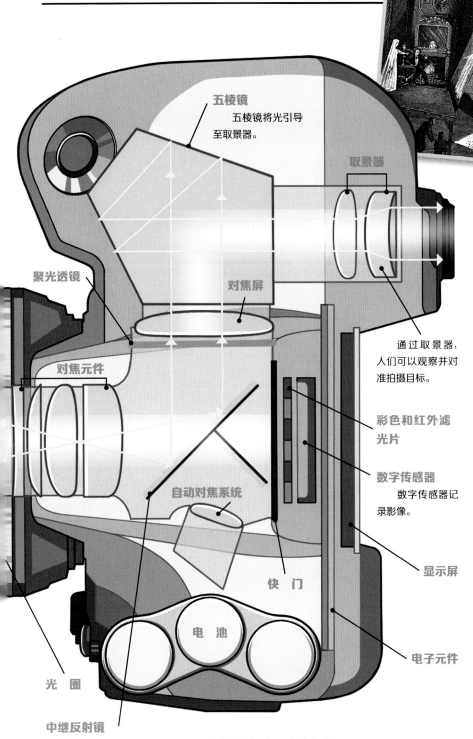

五棱镜
五棱镜将光引导至取景器。

取景器

聚光透镜

对焦屏

对焦元件

通过取景器，人们可以观察并对准拍摄目标。

自动对焦系统

彩色和红外滤光片

数字传感器
数字传感器记录影像。

快门

显示屏

电池

电子元件

光圈

中继反射镜
取景时，镜面将光反射至取景器，但按动快门时，反射镜会弹起，遮住聚光透镜。

舞台上的鬼故事

19世纪下半叶，一种舞台表演技术——佩珀尔幻象被发明出来，专门用来表现戏剧故事中的鬼魂。演员在隐秘的房间表演，借助一块半透明的玻璃和特定的光源，其身影被投射至舞台上的特定区域。通过控制房间和舞台灯光的明暗，观众看到的影像仿佛鬼影一般出现、消失、变形。事实上，如今我们在电视或舞台上看到的"全息影像"有不少都是利用佩珀尔幻象被制造出来的。

让空间变大

镜廊是法国凡尔赛宫中最金碧辉煌的空间，因有17面由483块镜片组成的落地镜窗而得名。多面镜子带来的视觉误差，让室内空间显得更大了。在室内装修中，人们也常常利用镜子扩大室内的视觉空间。

神奇的影子

在阳光强烈的室外，或灯光明亮的室内，如果我们用手掌挡住一部分光，墙上就会出现一个和手掌形状相似的影子。这是因为光沿着直线传播，而手掌挡住了射到墙面的光，在光源照射不到的地方，我们看到了手掌的影子。

你可以利用路灯，仔细观察影子大小的变化。当你在路灯的正下方时，你的影子是一个点。随着你离路灯越来越远，你的影子逐渐被拉长。

手影是一种传统游戏。利用一束灯光和一面白墙，通过手势的变化，我们可以创造出各种动物形象。

机械世界

力有一定的大小、方向，并且作用在物体的某个点上。利用简单的机械，改变力的作用点，常常能制作出起到省力作用的杠杆。

2000 多年前，中国的墨子和古希腊的阿基米德都发现了杠杆原理。阿基米德还曾放出豪言："给我一个支点，我就能撬动整个地球。"

楔 子

如果希望门一直敞开，人们会在门缝下插入一块三角形的物体。这种上粗下锐、有两个斜面的工具被称作楔子。刀、斧子的刃也是楔子，它们可以减小阻力，轻松将物体一分为二。

输入力

输出力　楔子　输出力

工人用力捶击，楔子进入木块中并传递力量，将物体劈开。

杠 杆

在一根棍子下放一个用以支撑的物体，棍子就可以更轻松地撬起重物了，这样的简单装置就是杠杆。剪刀复杂一些，它是两根杠杆的组合，固定两片刀刃的铆钉为支点。使用剪刀时，相比于放在刀尖处，把待剪的物体放在刀根处时，你是不是觉得剪起来更省力一些呢？

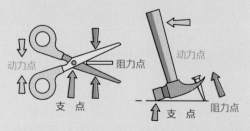

动力点　　　　阻力点　　动力点

支 点　　　　　　支 点　　阻力点

杠杆上有两个重要的力：一个是使杠杆转动的动力，另一个是阻碍杠杆转动的阻力。
杠杆上有 3 个重要的位置：杠杆上静止不动的点——支点、动力的位置——动力点，以及阻力的位置——阻力点。

意大利文艺复兴时期的画家莱奥纳多·达·芬奇提出过直升机的设想，并绘制了草图。他猜想，通过旋翼的急速转动，直升机可以盘旋着升入天空。

事实上，螺杆表面的一圈圈螺纹展开后就是一个长长的斜面。拧螺丝就好像在一个斜面上推物体。

斜 面

位于埃及开罗近郊吉萨的胡夫金字塔约建于公元前 26 世纪。它高约 146.5 米，由 230 万块巨石叠成。当时的人们是如何把巨石运到高处的呢？当时的古埃及人已经知道，相比于垂直提升重物，沿着斜面向上拉动重物更省力。他们用天然的灰泥黏土，堆成长长的斜面坡道，然后将巨石沿着坡道往上拉。

滑 轮

　　滑轮有两种。一种是轴的位置固定不动的滑轮，叫定滑轮，如旗杆顶部的滑轮。把绳子向下拉，旗子就向上升，不考虑空气阻力的话，拉力等于旗子的重力。所以，定滑轮能改变力的方向，但不能省力。

　　另一种滑轮轴的位置会跟着物体一起上升，叫动滑轮。动滑轮相当于一个动力臂等于2倍阻力臂的省力杠杆，能省一半的力。只不过，动滑轮不能改变施力的方向，重力竖直向下，拉力则必须竖直向上。利用多个动滑轮，人们可以进一步减小拉力。

人们常把动滑轮和定滑轮组合在一起，形成滑轮组，以达到既省力又能改变力的方向的目的。

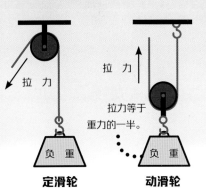
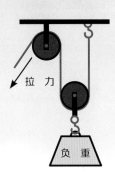

定滑轮　　**动滑轮**　　**定滑轮加动滑轮**　　**滑轮组**

拉力

拉力

拉力等于重力的一半。

拉力

拉力

负重　　负重　　负重　　负重

起重机的动滑轮组有多股绳子，以起到省力的作用，方便工人将重物轻松吊起。

健身器械上使用的是定滑轮。人将绳子向下拉，使重物上升，力的方向改变了，但力的大小没有变。

轮 轴

　　轮轴由轮和轴组成，是一种能够转动的杠杆。它在我们的日常生活中随处可见，如电子仪器上的旋钮、汽车方向盘、用于提水的辘轳等。

　　轮轴的轴心相当于杠杆的支点。人们运用轮轴从井里提水时，如果手柄转动的半径是轴作用半径的2倍，那么只需要使用这桶水重力的一半力气，就可以把水提上来了。

自行车脚踏板的设计也运用了轮轴的原理。

手柄

轮

轴

家中黑科技

大多数电器都需要通电才能正常工作。家家户户的房屋里都铺设了电线，电能通过电线到达电源插座。插上插头，打开开关，我们就可以使用家里的各种电器了。电器是如何工作的呢？其中又蕴含着哪些物理原理呢？

电如何来到我家？

发电厂利用发电机制造出电能，通过升压变压器把电压升至几十千伏，甚至几百千伏，以减少传输过程中的电能损耗。高压电可以通过高压电缆塔传输，也可经由地下电缆传输。

我国的家庭电压普遍为 220 伏，所以，在电能进入家中之前，降压变压器先将传输过来的高压电降压，电能才能输入千家万户。

家用电表记录着每个家庭的耗电量。电路里装有一排保险丝。当电流超过原本的配电设计时，保险丝会自动熔断，阻止电流继续通过，以防发生危险。

家庭电路总开关

微波炉：变热的力量

把食物放进微波炉，设定合适的温度和时长，转盘缓慢旋转起来。随着"叮"的一声，热腾腾的食物就可以出炉啦！

微波炉自身不会发热，但可以在极短的时间内加热食物。这是因为微波炉里有一个名叫磁控管的器件，磁控管能发射一种神奇的能量——微波。当微波穿过食物中的水分子等极性分子时，这些分子快速振荡，彼此间剧烈碰撞，从而产生巨大的热量，使食物快速变热。

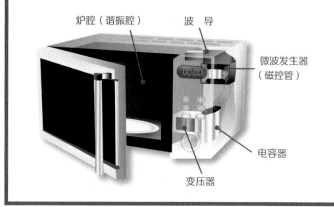

炉腔（谐振腔）　　　波 导
微波发生器（磁控管）
电容器
变压器

💡 知识加油站

微波炉加热食物的介质是微波。烤箱加热食物的介质是红外线。

发电厂　　　高压输电线　　　配电变压器

引入线　电 表

升压变压器　　　降压变压器　　　接地体

微生物克星

食物上附有微生物。在温暖的环境中，微生物会快速生长、繁殖，致使食物变质。在温度较低的冰箱中，它们的生长速度极为缓慢，因此食物可以长时间保鲜。

电冰箱：变冷的魔法

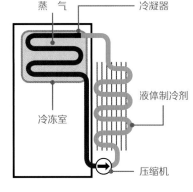

蒸气　冷凝器　液体制冷剂　冷冻室　压缩机

要想吃到热气腾腾的饭菜，加热食物的电器少不了。但要想让食物变冷或长时间保鲜，我们就需要请电冰箱出场啦！如果不冷藏保存的话，很多食物会迅速变质。

电冰箱的背后有一个长长的回路管，它会输送一种叫作制冷剂的液体，并让它们在电冰箱内外循环流动。制冷剂变成蒸气时，因为蒸发吸热，它会吸收电冰箱内的热量，使电冰箱内部的温度降低。制冷剂由气体变成液体时，因为液化放热，它会释放热量，使电冰箱外部的温度升高。所以，用手摸一摸电冰箱背后或两侧，你会觉得那里热热的。事实上，空调和电冰箱有着相同的工作原理，只不过空调的散热部位在室外机上。

吸尘器：气压发威

开门或开窗时，灰尘会飘进家里，落在地板、家具上。我们的皮屑、头发也在不断脱落，如果不尽快将这些脏东西清理干净，家里很快就会变得脏兮兮的。吸尘器有足够的吸力，可以轻而易举地将它们"收入囊中"。这样，房间又能变干净啦！

启动开关，吸尘器里的电机带动风叶机高速旋转，将集尘袋中的空气抽出，使集尘袋中的气压小于外界气压，形成空气吸力，小颗粒固体垃圾便被吸入吸尘头和软管中，进入集尘袋。

电视：缤纷世界

如今，人们大多使用液晶电视。这种电视有一块液晶显示屏。我们在屏幕上看到的所有视频图像都是由许多彩色小点组成的。这些彩色小点就是可以驱动发出红、绿、蓝3种色光的像素点。它们在瞬间发生变化，使整个图像好像动了起来。

彩色液晶显示屏上每个微小的像素都包含可发出3种色光的单元格，格子里装有液晶。显示屏里还有会发光的背光板。根据需要显示的颜色，液晶可以像闸门一样阻隔光，或者选择放行，让适量的光通过。当3种亮度不一的色光混合在一起，屏幕上就会出现特定的颜色。

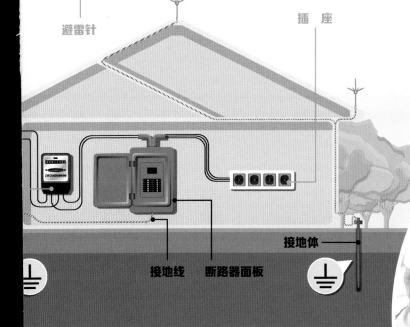

避雷针　插座　接地体　接地线　断路器面板

人类通信的变革

　　人类最早的信息交流方式是肢体比画。渐渐地，语言和文字产生了，飞鸽、快马、书信、烽火、旗帜都曾成为传递信息的工具。随着电和磁的神秘面纱被揭开，人们逐步实现了快速且畅通的远距离通信交流。

电　报

　　受到电磁铁原理的启发，美国发明家塞缪尔·莫尔斯潜心研究多年，于1837年制作出电磁式电报机。人们称他为"电报之父"。

　　发报人按下按键，电路随即被接通，接收器一端会通过电磁铁按下画针。为了简化电报机，同时满足文本传输的需求，莫尔斯用点和线的组合指代英文字母和数字。通过控制按键时间的长短，画针便可在运行的纸条上记录不同的点或线，译码员再将其翻译成相应的文字。这就是人类电信史上最早的编码，后人称之为"莫尔斯电码"。

表盘式电报机

　　法国钟表匠路易－弗朗索瓦·布勒盖发明了具有时钟外观的表盘式电报机。表盘被分成26个槽，外圈是数字，内圈是英文字母。每发完一个单词，指针会回到顶部的初始位置。

电　话

　　电报通信虽然快捷，却无法实现即时的双向交流。1876年，美国发明家亚历山大·格雷厄姆·贝尔在反复进行利用电报线路传送声音的实验后，发明了电话。1876年，贝尔和助理沃森分别在相距约4千米的波士顿和剑桥两城市间进行双向通话的公开实验，大获成功。从此，电话的发展势头锐不可当。

1892年，纽约到芝加哥的长途电话线路开通。

貝尔发明的电话由话筒和听筒组成。话筒通过电磁感应，把声音信号转换成有强弱变化的电流。听筒则通过电流的磁效应，把有强弱变化的电流转换成声音信号。

1844年5月24日，莫尔斯成功发送了世界上第一份电报。

早期电话

莫尔斯电码

莫尔斯电码

　　至今，莫尔斯电码在军事、海事通信等领域仍被广泛使用。著名的求救信号"SOS"就来自莫尔斯电码，因为"···———···"不仅易发送，也易辨识。

无线电通信技术

1895 年前后，俄国人亚历山大·波波夫和意大利人古列尔莫·马可尼几乎同时研制出了无线电通信设备。声音首先被转换成电信号，电信号再被转变成看不见的波——无线电波，并通过天线被发射到空中。在接收端，天线又将无线电波转换为电信号，然后重新变成声音。这也是收音机、卫星电视和手机的工作原理。

波波夫的闪电探测器电路图

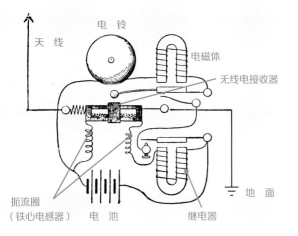

1900 年，在波波夫的指导下，俄国海军在波罗的海中的戈格兰岛设立了无线电站。同年 4 月，破冰船爱尔马克号收到求救信号后，前往戈格兰岛，解救了被冰困住的 50 名芬兰渔民。

卫星通信技术

自 20 世纪中叶起，许多国家相继发射卫星用以通信。通信卫星被发射到距离地球约 36 000 千米的高空，并与地球保持同步转动，从而始终处于一个相对固定的位置，可以随时接收和发送一个特定地区的信号。

北斗卫星导航系统是中国自主研制的全球卫星导航系统，于 2020 年 7 月建成北斗三号系统，可在全球范围内随时为人们提供定位、导航、授时等服务。

从"电生磁"到"磁生电"

继奥斯特发现电生磁现象后，1831 年，法拉第又发现了电磁感应现象，即变化的磁场会产生电流。在此基础上，麦克斯韦总结出了电磁理论，认为电场和磁场相互联系和转化，形成统一的电磁场。

1864 年，年仅 33 岁的麦克斯韦就预言了电磁波的存在，但这一观点直到 1888 年才被德国物理学家赫兹证实。赫兹制作了一个构造简单的谐振环，把它放置在一个可以放电的装置附近。他反复调节谐振环的位置和环上小球的间距，小球终于闪出了电火花，由此证明了电磁波的存在。这个放电装置就是一个电磁波发生器，谐振环就像收音机一样，是电磁波的接收器。

赫兹实验中的放电装置

未来新能源

早在原始社会，人类就学会了用火取暖、做饭。柴草、木头曾是最主要的能源来源。如今，煤炭、石油和天然气等化石燃料占据了能源领域的半壁江山，它们是蒸汽机、汽车内燃机的能量来源，还被转化成便于输送和利用的电能，满足我们居家、工作等各方面的能源需求。但是，化石燃料的数量有限，不可再生，还会造成环境污染。

大量化石燃料的燃烧会造成环境污染。

冰川融化，北极熊难觅食物，无家可归。

天然气泄漏引发火灾。

海上钻井平台发生原油泄漏事故，造成海洋环境污染。

核能一旦泄漏，会带来毁灭性的灾难。1986 年，苏联的切尔诺贝利核电站泄漏事件使整个北半球受到了不同程度的污染。

核能

利用核反应堆，人们使裂变反应连续而缓慢地进行，原子核得以平稳地释放能量。1千克铀全部裂变所释放的能量，相当于2500吨标准煤完全燃烧释放出的能量。

风能

风帆助航、风车抽水是古代人利用风能的实例。如今，人们发明了风力发电机。在风的驱使下，巨大的叶片转动起来，产生机械能，发电机再把这股机械能转化成电能。

化石燃料，是福是祸？

对化石能源的勘探、开采和利用曾是人类科技进步的象征，推动了世界的发展，但同时也带来了很多环境问题。化石燃料在燃烧时会产生大量的二氧化碳。它们飘浮在高空中，好像给地球加盖了一个透明大棚，让地球变得越来越热。于是，冰川融化，海平面上升，虫害加剧，气候恶化，地球上的许多植物和动物都会因此失去家园。

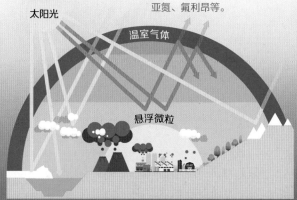

温室气体
水汽、二氧化碳、氧化亚氮、氟利昂等。

太阳光

温室气体

悬浮微粒

地热能

地热能是地球内部蕴藏的天然热能，是导致火山喷发和地震的能量。人们将水注入岩层，产生高温蒸汽，抽上来的蒸汽可以推动涡轮机转动，并转化成电能。

太阳能

太阳辐射的光和热可以直接被利用，或者被转化成电能，如常见的太阳能热水器和光伏发电系统。事实上，地球上绝大多数能量来自太阳能。

闪电能

闪电的温度极高，蕴含着巨大的能量。但它无法持续太长时间，行踪飘忽不定，而且绝大部分是在云层间放电，无法抵达地面。因此，收集闪电的能量依然只是人们的一个设想。

潮汐能

潮汐能是水能的一种，其发电原理和常规的水力发电原理相似。月球、太阳等天体的引力会使海洋、江水水位发生变化，潮水涨落所产生的势能可以用来发电。

可再生能源

生物质能　能量　地热能

水能　风能　太阳能

不可再生能源

石油　能量　核能

天然气　煤炭

奇趣AI动画

走进"中百小课堂"
开启线上学习
让知识动起来！

扫一扫，获取精彩内容

生物质能

绿色植物通过光合作用将太阳能转化为化学能，并储存在生物体内。人们可以用植物、动物粪便等制取乙醇（酒精）和甲烷。

氢能

氢是自然界中最普遍的元素。氢气无色无味，燃烧时能释放出能量。氢燃烧的产物是水，因而氢能是一种洁净的能源，非常环保。

金山银山不如绿水青山

节约能源和改用可再生能源很难吗？很多人认为，环境问题离我们很遥远，暂时不会对我们的生活造成太大的影响。此外，对于工业发展来说，能源越便宜越好，很多企业不愿意使用相对昂贵的新能源。事实上，我们不应该贪图眼前的方便和舒适，而应该立即采取行动，更多使用新能源，并着力解决环境问题。地球需要能源革命，而且极为迫切。

减少二氧化碳的排放量已成为大势所趋。中国积极采取多种措施，以减少温室气体的排放，进行减排补贴，以及大力发展新能源。

敦煌 100 兆瓦熔盐塔式光热电站的设计年发电量达 3.9 亿千瓦时。

位于浙江省温岭市的江厦潮汐电站是中国第一座双向潮汐电站。

位于湖北省宜昌市的三峡大坝坝轴线全长 2309.47 米。

太阳能路灯、太阳能广告牌越来越普遍地被使用。

名词解释

波长：波在一个振动周期内传播的距离。

磁场：传递物体间磁力作用的场，是一种看不见、摸不着的特殊的场。

弹力：物体发生弹性形变时产生的使物体恢复原来形状的作用力。

电场：电荷或变化磁场周围存在的，传递电荷与电荷间相互作用的物理场。

电荷：物体或构成物体的质点所带的正电或负电。异种电荷相吸引，同种电荷相排斥。

电离：使中性分子或原子形成离子的过程。

电流：电荷的定向流动，指单位时间内通过导体某截面的电荷量。

电压：当两个物体所带的电荷量不同的时候，两者之间就有电压。

浮力：物体全部或部分浸入流体时，受到流体给它的垂直向上的作用力

杠杆：一种简单机械，在外力作用下能绕杆上某一固定点转动。杆秤、剪刀、撬棒等都是杠杆。

滑轮：用来提升重物时能省力的简单机械。

力：物体对物体的作用，能使物体获得加速度或发生形变。

轮轴：由相互固定的轮和轴组成的杠杆类简单机械，轮和轴能绕同一轴心转动。

密度：由某种物质组成的物体的质量跟它的体积之比。

摩擦力：两个相互接触的物体有相对运动或相对运动趋势时，在接触面上产生的阻碍运动的作用力。

能量：物体具有做功的本领叫作物体具有能量，简称能。

频率：单位时间完成周期性振动的次数或周数。

色散：复色光分解为单色光而形成光谱的现象。

万有引力：宇宙中两个物体之间由于物体具有质量而产生的相互吸引力。

微粒：极细小的颗粒，包括我们肉眼看不到的分子、原子、离子等。

响度：又称音强，指人耳感受到的声音强弱或大小程度。它取决于声音的振幅大小和人耳与发声体之间的距离。

音色：又称音品、音质，指听觉感受到的声音特色。

音调：声音频率的高低。频率越大，音调越高。

质量：物质所具有的一种物理属性，其单位为克（g）或千克（kg）。

作者简介

王 传

毕业于南京师范大学物理系，从事物理教学近40年，曾在江苏省武进师范学校、常州市兰陵中学任教，长期从事科普工作，担任多本物理科普、教材教法及教辅书的编撰和审校工作。获物理高级教师职称、市级学科带头人、市物理实验基地负责人等荣誉。

中国少儿百科知识全书

奇趣物理

王 传 著

刘芳苇　胡方方 装帧设计

责任编辑 沈　岩　策划编辑 王乃竹　董文丽
责任校对 陶立新　美术编辑 陈艳萍　技术编辑 许　辉

出版发行 上海少年儿童出版社有限公司
地址 上海市闵行区号景路159弄B座5-6层　邮编 201101
印刷 深圳市星嘉艺纸艺有限公司
开本 889×1194　1/16　印张 3.75　字数 50千字
2024年3月第1版　2024年3月第1次印刷
ISBN 978-7-5589-1873-5/N·1273
定价 35.00 元

版权所有　侵权必究

图片来源 图虫创意、视觉中国、站酷海洛、Getty Images、
Wikimedia Commons 等

书中图片如有侵权，请联系图书出品方。

图书在版编目（CIP）数据

奇趣物理 / 王传著. — 上海：少年儿童出版社，
2024.3
（中国少儿百科知识全书）
ISBN 978-7-5589-1873-5

Ⅰ.①奇… Ⅱ.①王… Ⅲ.①物理—少儿读物 Ⅳ.
①O4-49

中国国家版本馆CIP数据核字（2024）第033259号